寻找薛定谔的猫

〔英国〕约翰·格里宾（John Gribbin） 著

张广才 译

海南出版社

·海口·

IN SEARCH OF SCHRÖDINGER'S CAT by John Gribbin

Copyright © John Gribbin, 1984

All rights reserved.

中文简体字版权 © 2015 海南出版社

版权合同登记号：图字：30-2016-189 号

图书在版编目（CIP）数据

寻找薛定谔的猫 /（英）格里宾著；张广才等译
. —— 海口：海南出版社，2015.6（2023.7 重印）
书名原文：In search of schrodinger's cat
ISBN 978-7-5443-5994-8

Ⅰ.①寻… Ⅱ.①格…②张… Ⅲ.①量子力学 – 研
究 Ⅳ.①O413.1

中国版本图书馆 CIP 数据核字 (2015) 第 081657 号

寻找薛定谔的猫

XUNZHAO XUEDINGE DE MAO

作　　者：〔英国〕约翰·格里宾（John Gribbin）
译　　者：张广才等
校　　订：赵晓玲
责任编辑：张　雪
装帧设计：黎花莉
责任印制：杨　程
印刷装订：三河市祥达印刷包装有限公司
读者服务：唐雪飞
出版发行：海南出版社
总社地址：海口市金盘开发区建设三横路 2 号 邮编：570216
北京地址：北京市朝阳区黄厂路 3 号院 7 号楼 102 室
电　　话：0898-66812392　010-87336670
电子邮箱：hnbook@263.net
经　　销：全国新华书店
出版日期：2015 年 6 月第 1 版　2023 年 7 月第 13 次印刷
开　　本：787 mm×1092 mm　1/16
印　　张：16.75
字　　数：203 千
书　　号：ISBN 978-7-5443-5994-8
定　　价：39.80 元

目 录

1

引 言

··

　　将写给外行人看的有关相对论的书和文章排列起来的话，很有可能要从地球连接到月亮。"每个人都知道"爱因斯坦的相对论是 20 世纪科学的最大成就，那所有的人都错了。如果将所有写给外行人看的详细的量子理论方面的书和文章拿出来的话，也许仅能摆满我的桌子，但这并不能说量子理论在学术界之外名声较小。实际上，在近二十几年的时间里，量子力学已经相当普及，用以解释诸如远程搬运、弄弯匙子等一些现象，并且为许多科幻小说提供了丰富的思路。一般认为，量子力学是一个谜，如同超自然和超感，已成为一门不可思议、神秘莫测、无人理解、无人能够实际运用的科学分支。

　　本书的写作目的是在更基本、更重要的科学研究领域里对这种观点进行反击。本书的产生出自 1982 年夏天凑在一起的几个原因：首先，我刚刚完成了一本有关相对论的书《空间扭曲》，觉得应该做些工作，来解释 20 世纪其他科学分支中的秘密；其次，在科学界以外存在的一些对量子理论的误解使我越来越感到恼怒，弗里特夫·卡普拉的《物理学之"道"》使很多效仿的人出现，这些人既不懂道，也不懂物理，而只是认识到将西方科学和东方哲学联系在一起可以弄到很多钱；最后是 1982 年 8 月从巴黎传来消息说，一个小组成功地进行了一次关键性的实验，这个实验使得那些尚持怀疑态度的人确认了量子力学世界观的准确性。

　　不要在这里寻找"东方神秘主义"、匙子变弯和超感。要在本书中找出量子力学的真正故事，这与一些小说中的做法大相径庭。科学正是这样，它不需要穿上从别处得来的哲学外衣，因为它自身就充满光明、神秘和惊奇。本书提出的一个问题是"什么是真实的?"，答案会使你大吃一惊，你可能不敢相信。但你会发现现代科学是如何看待这个世界的。

序 言
真实并不存在

　　我们题目中的猫是个神奇的动物，而薛定谔却是个真实的人。厄尔文·薛定谔是一位奥地利科学家。他在20世纪20年代中期创立了现在被称为量子力学的科学分支中的一个方程。这个分支几乎不能算是个正确的描述，但是量子力学却为所有现代科学提供了基础。这个方程描述很小的物体，一般说来是原子大小或者比原子更小的物体。这为微观世界提供了唯一一种解释。没有这些方程，物理学家将无法建设核电站（或制造原子弹），制造激光器，或者解释太阳为什么是炽热的。没有量子力学，化学家们将仍然停留在黑暗年代，也不会有分子生物学，不会有对DNA的理解，不会有遗传工程——不会有任何科学。

　　量子理论代表着科学的最大进展，比相对论具有更大的意义，也更直接更实用，甚至能引发许多奇特的预言。量子力学世界是那么神奇，实际上连阿尔伯特·爱因斯坦也发现其难以理解，因而拒绝接受由薛定谔及其同事创立的理论结果。爱因斯坦及许多其他科学家发现将量子力学方程视为一种数学上的简单表述更为合适，认为它仅是对原子及亚原子粒子行为的一个合理的描述。但其本身隐藏了更深的真理，这些真理更接近于日常的真实性。因为量子力学给出的是：没有什么是真实的，我们不去观察它们时，则什么也不能说。薛定谔那奇怪的猫用来区别量子世界以及日常生活中所见到的世界。

在量子力学世界中，日常所见的熟悉的物理定律不再成立。取而代之的是事件发生的概率性。例如具有辐射性的原子可能衰变放出电子，也可能不。可以这样设计一个实验：具有辐射能力的物质具有 50% 的机会在某一特定时间内发生衰变。如果其衰变，就会被探测器记录下来。薛定谔也像爱因斯坦那样，被量子力学结果弄得心神不安，尝试着用一个假想的实验来检验理论隐含的晦涩之处。设想在一个封闭的房子中或匣子里，有一只活猫及一瓶毒药。当衰变发生时，药瓶被打破，猫将被毒死。也就是说，在现实世界中，猫有 50% 的机会被毒死。

不用看匣子，我们就会肯定地说，猫可能死了也可能还活着。这就是量子力学的奇异之处。这理论说，这两种机会取决于辐射物质，因而对猫来说除非被观察到否则就没有真实性。原子可能衰变，也可能不；猫可能死，也可能活。除非我们向匣子中看，发生了什么。坚持量子力学直接解释的理论学者认为存在一个中间态，猫既不死也不活，直到进行观察看看发生了什么。除非进行观测，否则一切都不是真实的。

这个观点对爱因斯坦和其他科学家来说无非是麻醉剂。当引述世界由一大堆量子层次上的随机选择决定的理论时，他说道："上帝不会掷骰子。"他不承认薛定谔的猫的非真实态之说，认为一定有一内在的机制组成了事物的真实本性。他花了数年时间企图设计一个实验来检验这种内在真实性是否在起作用，但他没有完成这种设计就去世了。也许他没有活着看到他的思路所引发的结果会更好一些。

在 1982 年夏天，在法国南巴黎大学，由艾伦·艾斯派克特领导的研究小组完成了意将探测量子非真实世界的内在真实性的系列实验。内在真实性——基本机制——被取名为"隐变量",实验对象是从源中朝相反方向飞出的两个质子或粒子（在第十章中对其有完整的描述）。但基本上可以认为是对真实性的检验。两个从同一源中飞来的质子可以被两个检测器检测到,可测量它的偏振性质。根据量子理论,这种性质是不存在的,除非实施了测量。根据隐变量观点,每个质子从它产生就有"真实的"极性。由于它们同时发射,所以它们的极性是相互关联在一起的。但是实际测量到的在与真实性的两种观点不一致。

这些关键的实验结果是没有含糊的。没有发现由隐变量理论所预言的那种关联,却发现了由量子理论所预言的那种关联。而且正如量子理论所预言的那样,对一个质子的测量对另一质子具有瞬间效应的影响。一些作用关联在一起,纠缠不清,虽然它们以光速飞离。相对论告诉我们没有信号能超过光速传播。实验证明世界没有内在的真实性。日常所谓的"真实性"在描述组成世界的基本粒子行为时不是一个好的方法,而且这些粒子同时联成不可分离的整体,每一个都能觉察到别的粒子发生的事。

探索薛定谔的猫就是寻找量子的真实性。简单总结说,好像这种寻求是没有什么结果的,因为不存在日常词汇中的真实性。但这不能算完,寻找薛定谔的猫可引导我们对瞬间的真实性及一般量子力学有新的理解。路是漫长的,但它却是始于那些科学家们。如果他们发现了自己苦苦寻找的,正是我们现在所获得的答案的话,他们会比爱因斯坦更加惊恐。艾萨克·牛顿在3个世纪前研究光的本质时,不会想到他那时就已经踏上了寻求薛定谔之猫的征程。

第一部分
量子理论

"谁不惊异于量子理论，谁就没有理解它。"

——尼尔斯·玻尔

1885～1962 年

第 一 章

光

　　艾萨克·牛顿创立了物理学，实际上他创立了一切依赖于物理的科学。当然牛顿的工作也是在其他人基础上的，但正是由于他在 300 年前发现的运动三大定律及引力理论，才使科学走向通往空间飞行、激光、原子能、基因工程、化学及其他一切的里程。在 200 年的时间里，牛顿理论（现在称为"经典"物理）高高在上，处于统治地位；在 20 世纪革新中，对物理的见识已远远超过了牛顿时代。可是若没有那 200 年的科学发展，就不会有这种深刻的理论。本书不是科学史，它更关注新物理——量子物理，而不是经典思想。但就是在 300 年前的牛顿的工作中已有将要发生变革的迹象——不是出于其对行星运动及其轨道或是著名的三大定律，而是出于对光本质的研究。

　　牛顿关于光的想法多出于对固定形状物体及行星轨道的行为的看法。他认识到，我们日常对物体行为的经验可能是一种误导，一个物体或粒子在不受别的东西的影响时一定与在地球表面的粒子不同。这里，我们日常经验告诉我们，除非你去推一个物体，它会待在那儿不动，如果一旦你不推它，它就很快停止运动。那么，为什么像行星及月亮等物体却不停在它们的轨道上呢？有什

3

么东西在推动它们吗？没有。这是因为行星处于它本来的状态，与外界没有联系，而地球上的物体总是相互关联着。如果我想将钢笔拉过桌面，我的推力与桌面同笔之间的摩擦力对抗着，正是这种力才在我不推动时让笔停下来的。如果没有摩擦，笔就会一直运动下去。这就是牛顿第一定律：除非有外力作用于其上，一个物体总保持静止或以恒定的速度运动。牛顿第二定律告诉我们外力（这里指推力）对物体的效果。力改变了物体的运动速度，速度的变化称为加速度；你将力除以物体的质量，就得到此力作用于物体产生的加速度。通常，第二定律被描绘为另一种形式：力等于质量乘以加速度。牛顿第三定律告诉我们物体是怎样反作用于推动它的物体的：对于每一个作用存在大小相等方向相反的反作用。我用球拍去打一个网球时，球拍推向网球的力刚好等于网球推向球拍的力，但方向刚好相反；在桌子上的钢笔，受重力向下压，其压力刚好等于桌面弹向它的力；火箭的燃气室中，爆炸过程产生的气体向后冲去的力则正好产生大小相等但方向相反的推动火箭的力。

这些定律连同牛顿的引力定律，解释了行星绕太阳及月亮绕地球的运动。适当地计入摩擦力，也就可以解释地球上物体的状况。这些就构成了力学的基础。但这仍有隐含的哲学上的困惑。根据牛顿定律，一个粒子的行为可根据其他粒子对它的作用力及它本身受到的作用力确定。那么如果能够知道这个宇宙所有粒子的速度与位置，就能够精确地预言每个粒子的未来行为，从而预言这个宇宙的未来。这是否意味着这个宇宙就像钟表一样，被造物主上紧了发条放在那儿，沿着一条完全可以预言的途径运动呢？牛顿的经典力学提供了这种确定性宇宙观有足够多的支持，这两种图像给人的自由意志没有留下多少机会。是否我们真的就是沿着预设好的轨迹度过我们的一生而别无选择呢？多数科学家都同

4

意让哲学家们去争论这个问题。而他们却全力转向 20 世纪新物理学的中心。

是波还是粒子？

牛顿的粒子物理论是这么的成功，难怪当初解释光行为时，他也按照粒子论方法处理。无论如何，观察到的光是走直线的，并且光从镜面反射时如一个球碰在一个硬墙上一样。牛顿制造了第一台反射式望远镜，解释了白光是由七色光合成的，在光学中做了那么多工作，可他总是基于光是由一种称为微粒的小粒子流组成的假说。光线在穿过光疏质和光密质边界时传播方向发生变化，正如光从空气到水或玻璃中变弯（这就是为何搅酒棍在酒杯或桶中看来是弯的），只要假设微粒在光密质中走得快一点就能解释光的折射现象。即使在牛顿时代，仍有与之完全不同的解释。

荷兰物理学家克里斯蒂安·惠更斯生于 1629 年，比牛顿大 13 岁，是同时代的人。他得出一个观点：光并非是粒子流，而是一种波。就像水波在海面或湖面上传播一样，光通过一种不可见的"透明的以太"传播。就像在湖塘里扔一颗石子引起的波传播那样，光在以太中传播是从光源出发到各个方向的。波理论在解释反射和折射时能同粒子说一样合理。虽然说在光密质的物质中光波的传播速度不是加快了而是减慢了，在当时的 17 世纪没有办法测量光速，因此这方面的差别不足以区分这两种理论的优劣。可是，有一个关键的方面，在这点上可得到可以观测到的不同预测。当光通过一个尖锐的边界时，它形成一个明显的边界影子。这极像粒子流的行为，因为它沿直线运动。而波动要转弯或散射，以某种方式绕进暗影里（想象一下，水塘中的涟漪是能够绕过石头的）。300 年前，这种现象很明显对粒子论有利，而波动理论虽未被忘记却也给抛弃了。然而到了 19 世纪，两种观点的状况则完全反过来了。

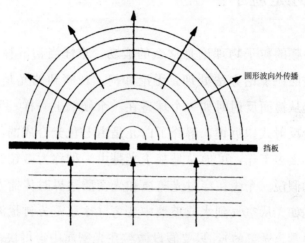

图 1.1　水波的衍射

平行水波通过挡板上的小孔后，在小孔之后形成圆形波，不会形成"阴影"。

在 18 世纪，很少人能认真地看待光的波动说。在这极少数人中，当时数学的带头人，曾对几何、微积分和三角几何做出主要贡献的瑞士数学家雷纳德·欧拉（Leonhard Euler）不仅认真地对待光的波动说，而且还写文章支持这种学说。说起欧拉，现代数学与物理全由算术项和方程描述，数学描述所依赖的技巧大部分是由欧拉创立的。在此过程中，他创立了至今仍被使用的符号缩写，如 π 表示圆周率；i 表示－1 的开方根（我们还会与 π 一起遇到它）；被数学工作者使用的积分运算符号等等。奇怪的是，在《大英百科全书》的欧拉条目中没有提到他的波动观点。这个观点在他同时代中没有一个"著名物理学家"支持。在欧拉同时代人中，赞同这个观点的唯一名人是本杰明·富兰克林；直到19世纪初英国人托马斯·扬完成他的关键实验之前，物理学家对待这个观点，都不屑一顾。不久法国人奥古斯汀·菲涅尔又重做了这些实验。

波动理论的胜利

扬根据通过水塘表面水波的运动知识，设计实验检验了是否光也同样传播。我们都知道水波是什么样的，虽然为了精确分析起见考虑的是小波而非大波。波的明显特征是在波传过时会抬高水位然后又压低水位；波峰高出平静的水面的高度为它的波幅，对理想的波来说，波传过时，水面被压下的幅度也与之相同。一系列波纹，就像在水塘中扔下一颗石子激起的涟漪那样，一个接一个具有相等的问题，此间距叫做波长，可表示为从一个波峰到另一个波峰的距离。当石子落入水塘时，激起的波纹环绕着源点，从中心向外一圈圈地传播；可是海中的波浪或在湖中由风拂起的水波由系列平行直线一条接一条地向前传播。这两种方式下，1秒钟内通过一个固定点——比如说石头的波峰数是个不变的数目，称为波的频率。频率表示1秒钟通过的波纹数，因此每一个波峰向前运动的速度都是波长乘以频率。

关键性的实验从平行波开始，正如到达海岸线之前的波线一样。你可以想象在水塘中扔一块石子并在远处观察它所激发出来的波纹。波纹的圆周越来越大，在离源点足够远的地方，波纹就像是平行的直线一样。我们很难观察到围绕扰动点的大圆的曲率，但却很容易观察到当波在传播路径上遇到障碍物时会出现什么情况。如果障碍物很小，由于波的衍射特性，波会绕过障碍物而几

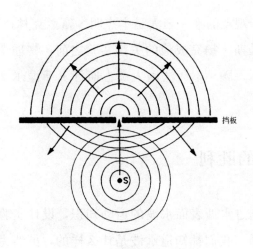

图 1.2　小孔后产生新波源

就像在水塘中扔进一块石头能激起圆形波一样，圆形
涟漪在通过挡板窄缝时也产生圆形波。

乎不留下"影子"；但是如果障碍物的尺寸比波纹的波长大得多
时，波纹仅仅在障碍物边缘处弯进去一点点，留下一大块未受扰
动的水面。光是波，就必然具有清晰的影子，只要光的波长比障
碍物的尺寸小得多就行。

现在将这个问题倒过来思考。设想一系列细微的平面波在水
槽中传播，遇到的不是一个障碍物而是一道墙，只不过墙的中间
开了一个小孔。如果小孔直径比波长大得多，那么只有对着小孔
区域的波能穿过，而大多数波纹，如同冲向码头的水波，无法穿
墙而过。可是如果墙上孔的直径很小，那么这个小孔就会成为新
的环状波的一个波源，就如在那里扔下了一块石头。波纹渐渐远
离墙面，所形成的圆形波（确切地说是半圆形的）就在原先平静
的水面上传播。

好，现在我们可以谈到扬的实验了。设想象前述那样，平行
水波传过水槽遇到一个阻板，在这个阻板上有两个孔。每个孔都

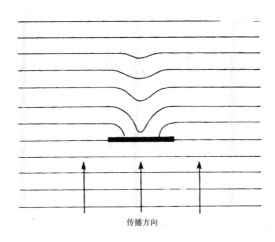

传播方向

图 1.3　小物体后不会形成阴影

只要障碍物比波的波长不是大很多，它们可充满障碍

物后的阴影，这是波能够绕过边角的一个结论。

成为一个激发半圆波的新波源，两列波都源于阻板的同一侧而向另一侧传播，它们不但频率相同，而且总是同相，在水面上传播形成较为复杂的涟漪图案。波在某处叠加，当两列波都处于波峰，我们得到增强的波峰，当一列波处于波峰，另一列波处于波谷，它们相互抵消。这种效应被分别称为相增干涉和相消干涉。由这种效应很容易看到，只要在水塘中同时扔下两块石子就可以了。如果光是波动的话，那么等效的实验就可以形成波纹的干涉条纹，这正是扬发现的。

扬将一束光照到具有两个狭缝的阻挡屏上，在屏的后面，光从两个小孔传播出来并相互干涉。如果光同水波一样也是波的话，那么由于相增干涉和相消干涉，在阻挡屏之后会形成明暗交错的区域。当扬将一个白屏放在窄缝之后，刚好看到他所寻找的——明暗相间的条纹。

可是扬的实验并未引起科学界的兴趣，特别在英国，创立任

9

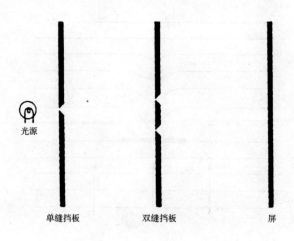

光源

单缝挡板　　　　　双缝挡板　　　　　屏

图 1.4　光的双孔干涉

光能够通过衍射绕过边角，这可用单缝产生圆形波再
通过双缝产生干涉图像验证。

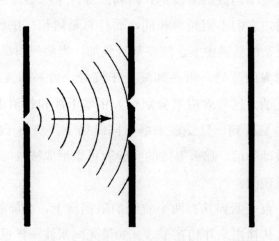

图 1.5　光的双缝干涉

如水波通过小孔那样，光波通过第一个狭缝后产生圆
形扩散，"相继"进入另一个。

何被认为与牛顿观点相悖的理论几乎都会被认定为是异教徒的行为。牛顿逝世于 1727 年，在 1705 年，也就是离扬宣布他的发现不到一百年，牛顿是第一个因科学研究工作而被封为骑士的。在英国破除这个偶像还为时过早，而在拿破仑战争时期也许这是适合时宜的，于是法国人奥古斯汀·菲涅尔拾起他的"叛逆"思想，最终确立了光的波动学说。菲涅尔的工作虽比扬晚几年，但比扬的工作更完善，实际上，他几乎对光各个方面的现象用波动性来予以解释。除此之外，他还解释了对我们来说非常熟悉的日常现象——光照射到油膜上产生非常美丽的反射色彩。这个过程同样出于光的干涉。一部分光直接由油膜的上层反射回来，另一部分光透过油膜，从底层反射出来。因此，存在两束不同的反射光，它们之间相互干涉。由于每种颜色的光具有各不相同的波长，白光是由彩虹般的七色光叠加而成的，因此，从油膜上反射出来的白光能产生七色光的相增干涉或相消干涉，其效应依赖于眼睛相对于油膜的位置。

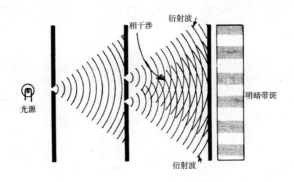

图 1.6　光的行为像波

圆形波双缝的每一个相互干涉，在视屏上产生明暗相间的斑纹。此实验清晰地证实了光的波动性。

　　莱昂·傅科是一位法国物理学家，他最著名的发明是显示地球自转的傅科摆，在 19 世纪中叶提出了与牛顿粒子说相反的断言：光在水中的传播速度比在空气中传播的速度要慢，这也是一些著名科学家曾经所预计的。那时候，人人知道光是能在以太中传播的波，不管它是怎么进行的，可是要能够弄清楚在光流中是什么"波"在传播就更好了。从 19 世纪 60 年代到 19 世纪 70 年代，苏格兰物理学家詹姆斯·克拉克·麦克斯韦建立的电磁场理论，将电学、磁学、光学统一起来，至此光的理论得以完善。麦克斯韦断言存在电磁辐射，磁和电的强度变化像水波那样峰谷交替。1888 年，德国物理学家海因里希·赫兹成功地发射并接收了作为电波的电磁辐射，这种电波与光相同只不过具有更长的波长。经历牛顿和伽利略年代以来的一百多年，科学思想上最伟大的革命的冲击致使光的波动说趋于完善。在 19 世纪末期，有个天才或傻子想到了光是粒子，这个人叫阿尔伯特·爱因斯坦；我们在理解他何以迈出这勇敢的一步时，需要有一些 19 世纪物理学思路的背景知识。

第 二 章

原 子

谈到科学史，流行的说法是原子的观点可以追溯到古希腊那个创生科学的年代，接下来又会赞扬古代那么早就认识到物质的本质。但是这种说法有些夸大其词。确实，死于公元前 370 年的德谟克利特（Democritus）曾提出过如果这个世界是由不同种类的不可分割的原子组成，而每个种类具有各自的形状和大小在不断的运动，这样解释这个复杂的世界就容易多了。他写道："世界上除原子和真空外就是思想。"后来萨摩斯的伊壁鸠鲁（Epicurius）和罗马的鲁克里提亚斯·卡拉斯（Lucretius Carus）引用了这个观点。但不是从那个时代理论家中的先驱者才开始解释世界的本质的，亚里士多德提出宇宙中的任何东西是由四种元素——火、土、空气和水组成的，这种观点更普及和持久。自公元年代起，原子论基本上被人们遗忘，而 2000 年来，人们所接受的是亚里士多德的四元素论。

虽然英国人罗伯特·玻意耳在 17 世纪将原子观点用在其化学的研究中，而且牛顿在其物理和光学研究中一直不忘原子观点，但是，只在 18 世纪的后半叶，法国化学家安东尼·拉瓦锡在研究物质何以能够燃烧时，原子概念才算真正地成为科学的一部分。拉瓦锡判断出许多真元素，它们不能分解为其他的化学物质。他意识到燃烧过程不过是空气中的氧与其他元素的简单的化合过程。在 19 世纪初，约翰·道尔顿小心地将原子规则引入化学。他宣称物质是由原子组成的，原子本身是不可分的；同一种元素的所有原子是相同的，但不同元素由不同的原子（不同的大小和形状）组成；原子不能产生也不能消失，只会在化学反应中重新组合；化学合成物是由分子构成的，其中含有两种或两种以上的元素，每一种化合物其构成元素的原子数是固定的。这样原子的概念才真正产生，200 年后成为写在我们的教科书中的那种形式。

19 世纪的原子论

即使如此，直到 19 世纪原子的概念才慢慢地被化学家们接受。约瑟夫·盖·吕萨克通过实验确定了两种气体物质化合时，一种气体的体积总和与另一气体的体积形成一个简单的比例关系。如果生成物也为气体，那么第三种气体同前两种气体也会形成一个简单比例关系。这与每一分子化合物都是由一种气体原子和其他原子组成的观点相吻合。在 1811 年，意大利的阿梅德奥·阿伏伽德罗（Amadeo Avogadro）利用这个观点导出了他的著名假设，无论气体分子的化学成分如何，在固定温度和压力下，同样体积的气体具有相同数目的分子。后来的实验确证了阿伏伽德罗假设的正确性；可以证实在一个大气压下，0℃温度下 1 升气体大约具有 27×10^{21} 个分子。只是在 19 世纪 50 年代，阿伏伽德罗的同乡——斯坦尼斯劳·堪尼沙罗改进了这个说法，才使一些化学家正经对待它。然而直到 19 世纪 90 年代，仍有许多化学家不肯接受道尔顿和阿伏伽德罗的观点。但是那时候，物理学的发展进程已超越了道尔顿和阿伏伽德罗的观点，那时，气体的状态已被苏格兰的詹姆斯·克拉克·麦克斯韦及奥地利人路德维格·波尔兹曼用原子的概念作了细致的解释。

19世纪60年代至70年代，这些先驱发展出气体是由许多原子或分子组成的观点（阿伏伽德罗的假设可给出它们到底是多少）。这些分子或原子可以想象为小硬球，它们之间相互碰撞，并且与盛它们的容器相碰撞。这直接导致了热是一种形式的运动的观点，当给气体加热时，分子运动加快，增加了对器壁的压力，如果器壁不是固定的，则气体就会发生膨胀。这种新想法的关键所在是气体的状态可以利用力学原理来解释——牛顿力学——对大量的原子数或分子数来说是在流计意义上的，在任何时间中一个分子可以向任何方向运动，但许多分子碰撞容器的总效应就形成了对器壁的稳定的压力。这导致了对气体过程进行数学描述的学科的发展，现在称为统计力学。但仍没有直接的证据证实原子的存在；当时许多领头的物理学家强烈反对原子假设，即使在19世纪90年代，波尔茨曼仍感到只有他自己（也许是误解）一个人在同流行的科学观念作斗争。1898年，他发表了他的详细计算，希望"一旦被重新认识，即使不是在很大程度上的认识，气体理论将获得新生"。1906年，在病痛和压抑的双重折磨下，想到许多顶尖科学家对气体分子运动理论的强烈反对，他自杀了。没有想到的是，几个月前，一个名叫爱因斯坦的无名物理工作者已发表了文章，确立了无可非议的原子的真实性证明。

爱因斯坦的原子论

这篇文章正是1905年爱因斯坦发表在同一期《物理学年鉴》上的三篇文章之一。这三篇文章，任何一篇都可以确立他在那个时代科学上的地位。一篇是介绍狭义相对论的，内容大都在本书的范围之外；另一篇是关于光与电子相互作用的，后来被认为是关于现在我们称之为量子力学的一流科研工作，因此爱因斯坦获得了 1921 年的诺贝尔奖；第三篇文章是关于自从 1827 年就迷惑科学家的现象的理论解释。这个解释证实了原子的真实性，这是任何理论文章都无法做到的。

爱因斯坦后来说当时他的主要目标是"发现了具有有限尺寸原子存在的事实"。这个目标也许标志着现在他的工作的重要性。爱因斯坦发表这些文章期间，他正在波恩的一个专利事务所做一名专利审查员，当他结束正规的教育时，他那另类的物理方法使他无法得到一个学术职务，专利局的工作正适合他。他的逻辑头脑使他有能力从大量专利申请中清理出有价值的新发明，他熟练的工作技巧给他省下了大量的时间，可以考虑物理问题，即使是工作时间也不例外。他的一些想法是关于 80 年前的英国植物学家托马斯·布朗的观点。布朗发现当用显微镜观察浮在水面上的花粉时，看到花粉颗粒似乎在作不规则弹跳运动，这种不规则的运动现在称为布朗运动。爱因斯坦证明这种运动虽然是随机的，却遵循一定的统计规律，如果花粉受到如波尔兹曼和麦克斯韦所描述的那种在气体或液体中运动但看不见的微观粒子的不断冲击的话，其运动恰好就是这种形式。现在看看这篇文章带来多么不可思议的冲击吧。你和我都已习惯了原子观点，可以马上看出花粉被看不见的粒子所冲击，这些粒子一定是运动的分子或原子。但在爱因斯坦指出这点之前，那些受人尊敬的科学家们仍有余地去怀疑原子的真实性；到这篇文章出现以后，他们就无法怀疑了。就像苹果落地这件事实一样，解释起来很简单，就这么显而易见，可是为什么 80 年前没有这种解释呢？

有讽刺意味的是，这篇论文是在德国发表（发表在《物理学年鉴》上）的。因为正是主要由于德国领先的科学家如恩斯特·马赫（Ernst Mach）及威廉·奥斯瓦尔德（Wilhelm Ostwald）对分子运动论的反对才使波尔兹曼感到自己做的一切是在荒野中呐喊。实际上，到 20 世纪初已有很多事实能够说明原子的真实性，虽然严格说来这些事实都是间接证据；英国和法国的科学家们比其德国的同行更拥护原子论，正是英国人 J.J. 汤姆逊在 1897 年发现了电子，现在我们知道它是原子的组成成分之一。

电 子

在 19 世纪末期，对真空管中灯丝通过电流发电时产生辐射的本质有很长时间的争论。这种被称为阴极射线的东西可能就是一种辐射的形式，它产生于以太的振荡，但不同于光及刚刚发现的电磁波，这也许是一种小的粒子流。多数德国科学家拥护以太波的说法；而多数英国和法国科学家认为阴极射线是一种粒子流。1895 年威尔·康拉德·伦琴偶然发现了 X 射线（1901 年伦琴因此获首次的诺贝尔奖），这使情况变得复杂起来，一时转移了不少的注意力。虽然这个发现非常重要，但它来得太快了，还没有原子物理的理论框架来解释 X 射线到底是什么。随着我们叙述的进展，在适当的地方，我们还会遇到它。

卡文迪什实验室是 19 世纪 70 年代麦克斯韦建立在剑桥大学的科学研究中心，麦克斯韦是卡文迪什实验室的第一个物理教授，J.J. 汤姆逊就在这个实验室工作。汤姆逊设计了一个巧妙的实验，这个实验是依据运动着的带电粒子的电磁平衡特性而设计的。① 这

---

① 设计这个词在此处用得恰如其分。J.J. 汤姆逊出奇的笨，只好设计出很好的实验而由别人去做；他的儿子乔治据说说过这样的话："J.J.（他常如此称呼父亲）聪明得足以准确地分析出仪器的毛病，可就是自己不会操作它。"

种粒子的运动路径既可以用电场也可以用磁场使之弯曲，汤姆逊所设计的装置使这两种效应相互抵消，使得阴极射线从带负电的金属板（阴极）发出后沿直线运动打在探测屏上。这种技巧只能用在带电粒子上；因此汤姆逊宣称阴极射线实际上是带负电的粒子（现在称作电子）。[①]他可以通过电力和磁力的平衡计算出电子电荷与电子质量之比（e/m）。无论什么金属作阴极，结果总是一样，他于是得出结论：电子是原子的一部分，虽然不同元素由不同的原子组成，但所有原子包含的电子总是一样的。

这可不像 X 射线，是偶然的发现；这是通过仔细的设计和精巧的实验得到的。麦克斯韦创立了卡文迪什实验室，可是，只是在 J. J. 汤姆逊的带领之下，卡文迪什才成为领先的物理实验中心的（也许是世界上最先进的实验室）。这种发现导致了 20 世纪对物理的新理解。除他自己获奖外，在 1914 年之前，在卡文迪什实验室他手下的 7 个科学家也都获得了诺贝尔奖。至今卡文迪什实验室仍是世界物理的中心。

离 子

由真空管中带负电的金属电极发出的阴极射线原来就是带负电的电子。而原子是电中性的，从逻辑上便直接可以得出原子中一定还存在与电子相反的带正电的东西，原子中的带有负电荷的电子是从带正电的东西中分离出来的。维尔茨堡大学的威廉·韦恩在 1898 年首次研究了这种带正电的射线，指出组成这种射线的粒子比电子重得多，因此，我们可以将其看作缺少了一些电子的

[①] 你见到的在其上显示电视图像的东西实际就是这种管子，称为阴极射线管；阴极射线就是电子，正如汤姆逊所做的那样，通过改变磁场，使电子流在视屏上面显现出颜色。

原子。在阴极射线方面的工作之后，汤姆逊曾经挑战于用一系列极其复杂的实验来研究这种带正电的射线，此项工作一直持续到20世纪20年代。我们现在将这种粒子称为电离的原子或者简称为"离子"；但在汤姆逊时代却被称为阳极射线。在实验中阴极射线管中保留有一部分空气，电子在这些气体中运动与气体的原子碰撞，将原子中的其他电子打出来，留下了带正电的离子。对待这些离子可以像汤姆逊对待电子那样实施电、磁场操作。到1913年汤姆逊研究组已对氢、氧和其他气体的正离子进行了电磁偏转测量。汤姆逊在实验中使用过一种氖气，电子流通过稀薄氖气的真空管时发出一种明亮的光。汤姆逊的实验仪器正是现代霓虹管的原型。可是他的发现的重要性远远地超出了霓虹灯在广告中的运用。

所有电子都具有相同的荷质比（e/m），但是在实验中却发现了三种不同的氖离子，它们都具有与电子相等的电荷量（只不过是＋e，而不是电子的－e），但他们具有的质量却各不相同。这是首次发现化学元素包含具有不同质量的但是却具有相同化学性质的原子。这种在化学元素上的变异现在称为"同位素"，但是寻找这个现象的解释却是费了很长一段时间。现在汤姆逊已有足够的信息建立对原子内部结构的初步解释了。原子不再像几位古希腊哲学家所认为的那样是一种看不见的终极粒子，而是带正电荷粒子与带负电荷粒子的混合物，电子可以被打出来。

汤姆逊把原子想象为有点像西瓜似的东西，球面分布着正电荷，电子像西瓜籽那样散于其中，每个电子带着它自己的一点负电荷。虽然结果发现他是错误的，但他毕竟给科学家们一个方向，这个方向导致对原子结构更为精细的理解。要知道是怎样做的，首先让我们对科学史进行回顾，然后再着眼于现在与将来。

X 射 线

揭开原子结构的秘密的关键在于 1896 年发现的一种辐射。正如几个月之前 X 射线的发现那样，这也是个幸运的发现。但是这种幸运的巧事注定会出现在那个时期的某个实验室中。

像 19 世纪 90 年代的许多物理学家那样，威廉·伦琴也在做阴极射线的实验。恰好当这束射线——电子撞到一些物质上，这种碰撞产生了第二次辐射。这种辐射是不可见的，仅能在照相底片上或胶卷上探测出来，或者在一种叫做荧光屏的仪器上看到，它撞向屏幕可以形成一个光点。恰好在靠阴极射线实验装置的桌子上有一个荧光屏，他很快就注意到在进行阴极射线管放电操作时，屏幕就会变亮。这导致了他发现了这种次级辐射，他称之为"X"，因为通常 X 代表数学方程中的未知量。很快证实了"X"射线行为像波（我们现在知道它是一种形式的电磁辐射，与光相似，但波长更短），在德国实验室中的这种发现使德国科学家相信阴极射线必然是一种波。

1895 年 12 月份发现 X 射线消息的宣布在科学界引起了很大的轰动，其他一些研究学者试图寻求产生 X 射线或产生类似 X 射线的辐射的新方法。第一个成功的当属在巴黎工作的亨利·贝克勒耳。X 射线最奇特的特征是它能不受影响地穿过许多不透明的物质，如穿过黑纸在其包裹的底片上形成影子。贝克勒耳对磷光感兴趣，这种物质能发射出它原先吸收的光。荧光屏受到像 X 射线那样的辐射的激发时才发光；而磷光物质具有保存入射的辐射的能力，在暗处发光，慢慢变暗，能持续数小时之久。自然要寻求一下磷光与 X 辐射的关系了。但是贝克勒耳的发现恰如 X 射线的发现那样出人意料。

放 射 性

1896 年 2 月，贝尔勒耳将照相底片用双层黑纸包好，纸上覆有铀二酸硫钾。他将底片在日光下曝晒几个小时。光底片曝光显影后，给出覆盖于其上的化学物质的轮廓。贝克勒耳认为，由于日光在外层的铀盐中产生了 X 射线，这与磷光的原理相同。两天后，他用同样的办法准备了一块底片来重复一下先前的实验，可是那天天空布满乌云，他只好将样品锁在抽屉里。在 3 月 1 日，不管怎样，贝克勒耳还是将其冲洗了。可又发现了铀盐的轮廓。不管是什么，与两块底片相作用的不是太阳光和磷光，而是以前不知道的辐射。后来发现这种辐射是从铀中不受影响的情况下自发地产生的。这种能产生自发辐射的特性我们称为放射性。

在贝克勒耳发现的提示下，其他科学家开始研究放射性，玛丽·居里和皮埃尔·居里很快成为这支新科学的专家，由于对放射性的研究以及发现新的放射性元素，他们双双获得 1903 年的诺贝尔物理学奖；1911 年玛丽娅因在化学上对放射性物质进一步的研究获得第二次诺贝尔奖（玛利娅和皮埃尔的女儿伊伦也因放射性方面的研究工作获得了 1930 年的诺贝尔奖）。在 20 世纪初，关于放射性的实验发现已远远地走在理论工作的前面，一系列实验方面的进展后来才被纳入理论的框架。这段时间里，崛起一位研究放射性的名人，他就是厄内斯特·卢瑟福。

卢瑟福是新西兰人，19 世纪 90 年代与汤姆逊同在卡文迪什实验室工作。1898 年聘任为蒙特利尔麦克吉尔大学的物理学教授，在那里，他同弗雷德里克·F. 索迪在 1902 年指出放射性包含在从一种放射性元素到另一种元素的转变过程中。也正是卢瑟福在这种放射性中发现了两种不同的放射性衰变。他名之为 α 射线和 β 射线，我们现在还沿用这个名字。当第三种放射被发现时，自然就名为 γ 射线。α 射线和 β 射线都是快速运动的粒子；很快便证实了 β 射线就是电子，与阴极射线完全相同；同样，γ 射线被证实是一种电磁波，与 X 射线类似，只不过波长更短。后来发现 α 射线是与另外两种射线完全不同粒子，它的质量约为氢原子质量的 4 倍，电荷是电子电荷量的 2 倍，而且是正的。

原子的内部

在还无人确切知道 α 粒子是什么，以及 α 粒子是如何以这么高的速度在一种原子转变为另一种原子的过程中被发射出来的时候，像卢瑟福之类的研究工作者就开始使用它们了。这类由原子反应产生的高能粒子可以用作研究原子结构时使用的探测粒子，作为科学研究中奇妙的反方法一例，α 粒子用来打原子，恰好 α 粒子又是由原子中放出的。1907 年卢瑟福从蒙特利搬到英国的曼彻斯特大学并成为那里的一位物理学教授；1908 年他获得了诺贝尔化学奖以表彰其在放射性方面的工作。这个奖他觉得好笑。虽然诺贝尔奖奖金委员会将关于元素的研究归为化学，卢瑟福一直将自己视为物理学家，没有多少时间去研究化学，他视化学为更低一些的学科。（随着量子物理给予分子和原子更新的理解，化学成为物理学的一个分支，这个物理学家的幽默变得更真实）。1909 年，在卢瑟福手下工作的汉斯·盖革（Hans Geiger）和厄内斯特·马斯顿（Ernest Marsden）做了一个实验，在实验中，将 α 射线束射向一片薄的金属箔，那时还不能进行粒子的人工加速，只好使用来

自自然的 α 辐射。射向金属箔片的 α 粒子的出射方向由闪烁显示屏显示，当有一个粒子打向荧光屏时，在屏上就会出现一个亮点。一些粒子直接穿过金属箔，另外一些发生偏折，奇怪的是，竟有一些反折回来。这是为什么呢？

卢瑟福找到了答案，每个 α 粒子大约比电子重 7000 倍（实际上 α 粒子等于去掉两个电子的氦原子），并以接近光速的速度运动。如果与一个电子碰撞，它会把电子撞到一边而自己不受影响。偏折一定是金属箔原子中带正电的东西造成的（电荷之间的相互作用正如磁极那样同性相斥），可是如果汤姆逊的西瓜模型是对的话，那么就不会有 α 粒子被反折回来。如果正电荷充满整个原子球的话，那么所有的 α 粒子肯定都能直接冲过去，因为实验表明大部分粒子可以直接穿过金属箔。如果西瓜模型能让一个粒子穿过去，它也应该能让所有粒子穿过。可是如果原子的正电荷集中在很小的体积中，此体积比整个原子的体积小得多，那么，只有偶尔与原子中心的小聚集体头对头碰撞才发生反折，而大部分 α 粒子会直接穿过原子正电部分以外的虚空间。只有这样设计，才能做到一部分粒子碰到原子后而反折，一部分稍稍偏折，另一部分直接穿过不受影响。

由此，在 1911 年，卢瑟福提出了一个原子的新模型，这成了原子结构的现代理解的基础。他说必须存在一个原子的中心部分，他称之为原子核。原子核包含原子的所有正电荷，这个电荷电量正好与围绕其分布的电子云的负电荷相等，因此原子核加上电子合起来能保证原子的电中性。后来的实验表明原子核的大小仅为原子尺寸的十万分之一，原子核的典型尺寸为 10^{-13} cm，而包含电子云的原子尺寸为 10^{-8} cm。这样可以帮助你直观地了解这些尺寸特征，设想一个针尖约为毫米尺寸，放在圣保罗大教堂的中心，周围的微尘分布在 100 米的范围内。针尖代表原子核，而尘埃代表电子。原子中就有这么大的空间，而所有看来是固体的东西是由这样的空间组成的，由电子黏结起来。请记住：卢瑟福提出他的新原子模型时，他已获得了诺贝尔奖（此模型建立是他设计的实验）。可是他的职业生涯并没有被超越，因为 1919 年他宣布了人工元素的嬗变，同年接任 J. J. 汤姆逊成为卡文迪什实验室的主任。他先是被封为骑士（1914 年），接着在 1931 年受封为纳尔逊·卢瑟福爵士。尽管如此，将其诺贝尔奖的工作算在内，毫无疑问他对科学最大的贡献是原子模型。此模型改变了物理学，导致这样一个明显的问题——既然电荷的吸引力大于其排斥力，为什么带负电荷的电子不会落入带正电的原子核中去呢？答案包含在原子与光的相互作用中，这就标志着量子理论的初步认识的年代就要到来。

第三章

....

光与原子

卢瑟福模型引发的问题基于这样一个事实：运动着的电荷在加速过程中以电磁辐射的形式——如光、电磁波或其他类似的东西。如果电子待在原子的核外面，它终会落入原子核，那么，原子是不稳定的，在原子坍塌的同时会产生一阵能量辐射。很明显要抵消这种坍塌的办法是让电子绕原子核转动，如在太阳系中行星绕太阳转动一样。转动时包含着连续的加速，转动中粒子速度的大小可能不变，可是运动的方向却在一直改变着，速度大小和方向合在一起才构成了速度这个量。由于电子的速度不断地变化，必然辐射能量，由于不断地失去能量，电子应该沿着螺旋线型方向落进原子核。即使引进轨道运动模型，理论家们依然无法阻止卢瑟福原子的坍塌。

改进这个模型时，理论家们从电子轨道图像出发企图寻找到一种让电子不丢失能量、同时保持在轨道上而不是沿着螺旋形方向落入原子核的办法。这是个自然的出发点，这与太阳系的分析符合得很好。但是错了，正如我们将会看到的那样，这样就会导致认为电子是静止在离原子核一段距离的某个空间点上，而不是环绕着原子核运转。这两种看法存在的问题是相同的——怎样阻

25

止电子落入。可是这个观点产生的物理学图像与行星绕太阳转动完全不同。无论是否使用电子轨道，理论家们在解释电子何以不落入原子核的手段都是累赘且误导性的。多数人包括中学生及大众仍保留着这样一幅图像：原子有点像太阳系，中间是很小的原子核，电子快速地绕其运动。可是，现在正是应该放开脑筋摒弃这幅图像以进入奇特的量子力学世界的时候了。简单想象一下，电子与原子的核同在一个空间中，为什么正负电荷的吸引却不会导致原子的坍塌并辐射出能量。

在理论家开始解决这个问题的时候，在20世纪20年代，实验上发现了一些奇特的现象，这能帮他们改进已有的原子模型。这些现象是关于物质（原子）与辐射（光）的相互作用的研究。

在20世纪初，对自然界最好的科学认识需要两方面的哲学。物体描述为粒子或原子，而电磁辐射包括光只能由波理论描述。所以光与物质的相互作用的研究似乎是为物理学的统一提供了一个最好的机会。可是，正是试图解释辐射与物质相互作用时，曾经在各方面都相当成功的经典理论才败下阵来。

观察物质与辐射怎样作用的最简单的方法（从字面上讲）是看一个热的物体。一个热的物体能辐射电磁能量，物体愈热，辐射的能量愈大，辐射的电磁波的波长愈短（频率愈高）。因此，一个红热的拨火棍比白热的拨火棍要凉一些，凉得不能辐射可见光的拨光棍仍能让人感到温暖，这是因为它能辐射出低频的红外线。电磁辐射必定与小电荷的运动有关，这即使在19世纪末也很清楚。电子一旦被发现，就很容易看出原子中的带电部分（现在我们知道是电子）前后振荡将产生电磁波，这与我们在小水塘里将手指前后晃动产生小水波的情形差不多。困难在于两门最好的经典理论——统计力学和电磁理论结合在一起预言的辐射形式，这与实际观测到的从热物体中发出的辐射有点不一样。

黑体线索

　　为了得出理论预言，像理论物理学家常做的那样，使用假想的理想试验——个能够完全吸收并能完全辐射的物体。这种物体通常被称为"黑体"，因为它能吸收照在它上面的所有辐射。然而这不是一个合适的名字，因为实际上黑体在将热能转换为电磁辐射时也是最有效的——一个"黑体"很可能是红热的或是白热的，从某种方面说太阳表面的作用就像黑体一样。可是在实验室中制作黑体却不像理论家们想象的那样那么容易。理想黑体是这样制作的：拿一个空心球或两端封闭的管子，在其一侧开一个小孔。任何辐射（如光）从小孔中进入后会陷在里边，在腔壁上不断反射直至被完全吸收；不大可能正好从小孔中反射出来，因此这个小孔效果上是一个黑体。这给辐射又起了一个名字，德文名字为腔辐射。

　　我们更感兴趣的是黑体被加热时的行为。正如前述的拨火棍，黑体被加热时光是有点温热，接着变红热，后来则是白热，这依赖于它的温度。辐射的谱（即每种波长的辐射量）可以通过测量从烧热的容器上的小孔中发出的辐射在实验室中观测到。观测表明它仅依赖于黑体的温度。很短的波长（高频成分）的辐射很少，很少波长的辐射也很少。多数辐射都集中于中间频率的一带。当黑体更热时，谱的尖峰会向更短的波长移动（从红外到红，到蓝，到紫，到紫外）。可是总有个最短波长限。在这里，19世纪黑体辐射的观测与理论发生了冲突。

　　听起来有点不可思议，可最好的经典理论预言表明充满辐射的小孔将在短波处总有无限多的能量——这与黑体辐射的谱在趋向于零波长时会回落到零这点完全不同，实验上黑体辐射在短波处测量不到辐射。计算来自看似非常自然的假定：对小孔中的电磁波可以像对待弦上波，如小提琴弦上的波一样，可以有任何的波长和频率。由于有许多波长（许多模式的振荡）要考虑，为了预言小孔中辐射的整体行为，必须将统计力学从粒子世界中搬到波世界中。这样就导致了辐射的能量正比于频率这样一个结论。频率正比于波长的倒数，很短的波长对应很高的频率。因此黑体辐射能形成很大的高频能量，在紫外及更高频，频率愈高能量愈大。这个预言上的困难被称为"紫外灾难"。这表明，肯定是推出这种预言的假设某些地方错了。

但这并不全是失败。在黑体辐射的低频一端，观测结果与基于经典理论给出的预言符合完好，被称为瑞利—琼斯定律。经典理论至少一半是对的。问题在于为何高频振荡的能量不是很大，而是实际上随辐射频率的增加而降为零。

在 19 世纪的最后的 10 年内，这个难题吸引着许多物理学家。其中之一是马克斯·普朗克，他是属于古典型的德国科学家。投入而辛勤地工作的普朗克本质上是一个保守的科学家而不是革命派。他对热力学特感兴趣，当时最大的愿望是通过热力学定律解决"紫外灾难"的问题。到 19 世纪末，已经知道描述黑体辐射谱的两个公式。早一些的瑞利—琼斯定律在长波段有效，威廉·维恩（Wilhelm Wien）推导出一个公式适合于短波的实验观测，也可以预言在某一特定温度下黑体辐射曲线出现尖点的波长。不同于瑞利于 1900 年使用的方法及后来琼斯的方法，普朗克从观察电子振子能够辐射和吸收的电磁波的最小能量入手。这个方法给出的曲线完全地解决了"紫外灾难"。从 1895 年到 1900 年，普朗克坚持在这个问题上工作，发表了数篇联系热力学与电动力学的关键性文章——可是仍然不能解决黑体辐射这个难题。1900 年他有所突破，不是通过冷静、沉稳和逻辑的科学洞察，而是在掺杂着运气和洞察力的绝望中，幸运地误解了一个数学公式。

当然，现在无人绝对清楚普朗克向量子力学迈开革命的一步时脑子里是怎么样的。但是耶鲁大学的马丁·克莱茵却详细地研究过他的工作。克莱茵是个历史学家，专长于量子理论建立那段时间的物理历史。克莱茵的工作再现了量子力学诞生时普朗克和爱因斯坦的贡献，权威地解释了我们想要知道的那段历史，将发现置于历史课本中。第一步是 1900 年的夏季末，这时的工作一点也不归为运气，而是归为训练有术的数学物理学家的洞察力。普朗克想到这两种关于黑体辐射谱的不完备描述可以用一个简单的数学公式合在一起以描述整个曲线的形状。实际上他应用了一点数学技巧，得以填平了维恩定律和瑞利—琼斯公式之间的鸿沟。这是个巨大的成功，普朗克的方程与黑体辐射的观测符合完好。但是，它不像由之产生的半公式那样，它本身没有物理基础。维恩和瑞利还有普朗克在前 4 年的时间中试图从物理假设出发推出黑体辐射曲线。现在普朗克从中得到正确的曲线，可无人知道曲线所属的物理假定是什么。实际上它们一点也不"实用"。

不期而至的革命

1900 年 10 月，普朗克在柏林物理学会宣布了他的公式。接下来的两个月内，他全心全意寻求这种定律的物理基础，尝试了各种不同的物理假设，看哪一种能和这种数学方程相符。后来，他讲道这是他一生中最努力的一段时期。许多尝试失败了，直到最后只余下一个，虽不让他喜欢，却别无选择。

我说过普朗克是个守旧的物理学家，的确如此。在他早期的工作中，他不愿接受分子假设，他特别害怕熵这种物理性质的统计解释，这种解释是波尔兹曼引入热力学的。熵是物理学中的关键概念，在本质上与时间有关。虽然牛顿定律及力学中的简单定律在时间上是可逆的，我们知道真实世界并非如此。设想将一块石头扔到地上，当它与地球撞击时，运动的能量转化为热。可是我们将同样一块石头放在地上并将其加同样热量，它不会跳到空中去。为什么呢？在下落的石头这种情况下，有序运动（所有的原子和分子都落向同一方向）换化为无序运动（所有原子与分子相互之间随机地交换能量）。按照自然法则，无序总是在增加，无序是由熵标定的。热力学第二定律表明自然过程总是趋向于无序，也就是说熵总是在增加。如果你能将无序的热运动所具有的能量注入一块石头，以此增加石头内所有分子的有序运动，那么你就能通过加热使石头跳向空中。

可以吗？波尔兹曼引入另一种说法。他说这种特别的情形是可以发生的，但概率极小。同样，作为空气分子随机运动的结果，可能出现房间中所有空气分子突然集中在角落的情况（不止一个角，因为分子是在三维空间中运动的）；可是这种概率是极小的，在实际中是可以忽略的。普朗克在公开场合和在与波尔兹曼的通话中持久又坚定地反对热力学第二定律的这种统计解释，对他来说，第二定律是绝对的；熵必须增加，不能用概率来解释。这就不难理解，在 19 世纪末，在普朗克穷尽了这么多种解释后，不情愿将波尔兹曼的统计解释加入他的黑体辐射的谱计算之中，而加入后的确可以。可笑的是，由于他不熟悉波尔兹曼方程，普朗克用错了，却得到了正确的答案。直到爱因斯坦采用了这种方法，普朗克工作的真正物理意义才得以明确。

应该强调的是，普朗克确立了波尔兹曼熵增加的统计解释是真实世界的最好描述，这已是科学中一大进步了。随着普朗克的工作进一步，熵的增加已不再被怀疑，熵增加是确实的，但也不是绝对的。这个理论在宇宙学中大有意义。宇宙学研究的是巨大时间或空间尺度上的事，我们研究的区域越大，其内某个地方更易发生看似不可能的事。也可能（虽然可能性很小）整个宇宙大体上是有序的，这仅意味着某种热力学统计上的波动，在一个足够大的范围内，也许存在着熵的递减。普朗克的"错误"，揭示了宇宙更基本的本质。

　　波尔兹曼的热力学统计方法包括数学上将能量切成许多份，将每个份看作是可以以概率方程单独处理的小块。在计算之前将能量分成许多份，到后来必须加在一起（求积分）给出总能量，也就是相应的黑体辐射的能量。这个过程做到一半的时候，普朗克意识到自己已经得到想要的数学公式了。在将能量碎块合在一起之前，在数学上已经展示出黑体的能量方程了。这是很突出的，在经典物理教科书中是完全不会给出的。

　　任何一个优秀的物理学家从波尔兹曼方程来创建黑体辐射公式必须进行整体积分。然而，正如爱因斯坦后来指出的那样，将能量碎块加在一起将导致"紫外灾难"——实际上爱因斯坦指出任何经典方程都将不可避免地导致这种灾难。只有普朗克知道他正在寻找的答案能阻止"紫外灾难"，经典方程似乎是正确的。作为这一方法的后遗症，留下了等量碎片概念等他去解释。他解释到电磁能量裂变成一系列单独的粒子意味着原子内部的电子震荡以一定尺寸的物块释放或吸收能量，这种物块叫量子。特定能量不能有无限种分法，只能将振子能量分为有限多的碎块，辐射碎块的能量（E）必须与频率有关（用希腊字母 υ 表示），提出下面新公式：

$$E = h\upsilon$$

此处 h 是个新常数，现在称为普朗克常数。

31

h 是什么?

不难看出"紫外灾难"是怎样解决的。对于很高的频率,辐射的一个能量量子很大,根据统计力学方程,仅有很少的振子具有这么高的能量,因此,只有很少的高能量子被辐射出来。对于极低的频率(对应长波长),辐射的低能量子很多,但每分量子具有的能量很小,将它们全部都加起来也不太多。只有在中间的频率范围中,才会存在大量的具有中等大小的能量块,它们总和形成了黑体辐射谱曲线上一个峰。

普朗克发表在 1900 年 12 月的发现虽提出了更多回答不了的问题,但是未激励起物理界的热情。普朗克关于量子理论的早期的文章没有明确的模型(也许这正反映了他不得不在他所喜爱的热力字中引入这个理想时的疑惑)。在很长时间中许多(差不多是大多数)知道这个工作的物理学家仍将其视为数学技巧,其本身具有很少或不具有物理意义,只是一种消除"紫外灾难"的办法。普朗克自己肯定是有疑虑的。在 1931 年写给罗伯特·威廉·伍德的信中,他回顾 1900 年的工作时写道:"我认为这是一种无可奈何的事……无论付什么代价,不管多大,都必须给出的一种理论解释。"[①] 他仍认为自己碰上了一种有意义的东西,据海森伯说,普朗克的儿子在柏林郊区的格朗纽沃德散步时,讲到他父亲当时是怎样评价自己的工作时说道:这种发现可能与牛顿齐名。[②]

20 世纪初,物理学家们沉浸于吸收包括原子辐射在内的新发现,普朗克解释黑体辐射曲线的"数学新技巧"与这些发现相比

---

① 为密哈罗和雷钦伯格所引用。

② 参见海森伯,《物理与哲学》,第 35 页。

并不是至关重要的。的确，与居里和卢瑟福相比，普朗克工作的被认可所经历的时间要长得多，直到 1918 年普朗克才因此项工作获得了诺贝尔奖（这部分是因为对一种新理论突破的认可需花更多的时间；新发现一种新粒子或一种 X 射线马上就会有所轰动，一种新理论在得到全面的公认之前必须经过时间的考验及实验的验证）。普朗克的新常数 h 有点特别，它是一个很小的常数 6.6×10^{-34} 焦耳/秒，这也难怪，因为如果它再大一点的话，很明显在物理学家对黑体辐射理论产生疑问之前就会被发现。奇怪还在于 h 的测量单位，能量（尔格）乘以时间（秒）。这种单位称为"作用量"，并不具有一般的经典力学特性，并没有"作用量守恒"与质量守恒及能量守恒相比拟。但是作用量具有一个特别有趣的性质，其他物理量中只有熵与它相似。一个常作用量是一个绝对恒常量，它对于时空中的所有观察者都是相同的大小。它是个四维常数，仅在爱因斯坦发现相对论之后它的意义才明确地显出来。

因为爱因斯坦是进入量子力学舞台的第二个演员，也许值得离开主题去谈谈他的相对论。狭义相对论将三维空间和一维时间放在一起看作连续的时空。以不同速度在时空中运动的观察者观察测量经过的棍子，会得到不同的长度。棍子可以认为是存在于四维时空的，当它在时间中"通过"时会在四维时空中形成一个超矩形，这个超矩形的高是棍子的长度，宽是渡越过的时间。此矩形面积的测量单位是长度乘以时间，这个面积对所有观察者来说都是相同的，虽然他们测量到的长度和时间是不一致的。同样，作用量（能量×时间）是能量四维等效量，作用量对所有观察者都是相同的，虽然他们测量到的能量和时间是不相同的。在狭义相对论中，有一个作用量守恒定律，它与能量守恒定律一样地重要。普朗克常数看来很怪，只是因为它发现于狭义相对论之前。

这也许是强调了物理学的神奇本性。1905 年爱因斯坦发表的科学三大贡献中，其中之一的狭义相对论好像与布朗运动和光电效应非常不同。可是它们均组成了理论物理的框架，虽然爱因斯坦是以其广义相对论出名的，可爱因斯坦最伟大的科学贡献是其在量子理论上的工作，量子理论通过光电效应跳出了普朗克的研究工作。

普朗克在 1900 年的工作的革命性在于它展示了经典物理的一个极限。这个极限到底是什么并不重要。有些现象仅仅靠牛顿工作构造的经典想法不能解释，仅这个事实足以将物理学推向新世纪。可是普朗克工作的最初形式比现代解释具有更多的局限性。很多冒险故事中，英雄在最后关头在悬崖峭壁边上奇迹般地脱险了，归为一句老话："只一……就得救了。"许多通俗读物在描述量子力学诞生故事时读来正像是在科学上一跳就脱离了危机。"在19 世纪末，经典物理走入了死胡同。由于普朗克发明了量子，物理学终于得救了"。但情形远非如此，普朗克只是提到原子中的电振子可能是量子化的。他的意思是说：这些振子仅能辐射出具有特定大小的能量，是因为它们内部的某种东西阻止它们吸收或发出渐变的能量的辐射。

在伦敦银行的自动取款机就是这样做的。当我们提款时，只要是 5 英镑的整数倍，任何数目的钱都可以从这台机器中取出。自动提款机不能给我们这中间数目的钱（也不能给 5 英镑以下的数目的钱），但这并非说中间数目，如 8.47 英镑的钱不存在。普朗克本人并未提出辐射是量子化的，他似乎很担心量子理论的深层含意。在以后的几年里，在量子理论发展中，普朗克对它的创立做出了很多贡献，但是他一直花很大的力气试图发展出一套将这一新观念与经典物理相调和的理论。他并没有改变想法，不认为从经典物理得出的黑体辐射方程是大大地向前走了一步。他是根据热力学和电动力学合在一起导出的方程，二者均属经典理论。普朗克

34

一心一意努力寻求量子观点与经典物理之间的调和理论。实际上表示他已从习惯的经典观点作了深远意义的转移。他的经典思想背景是那么深入，难怪量子力学的进一步的发展只能是新一代物理学家创造的。这些新物理学家并未有固定模式，又不执着于旧的观点，在原子辐射的新发现的激励下，在旧的和新的问题中寻求新的答案。

爱因斯坦、光和量子

1902 年夏，爱因斯坦在瑞士专利局中开始了他著名的工作。在最初的几年里他主要致力于热力学与统计力学方面的研究。他首次发表的文章就如同包括普朗克在内的前辈科学家那样按传统方式处理同样的问题。但是，就在他第一篇文章中，在公开引用普朗克黑体辐射谱的想法时（发表于 1904 年），他就另辟天地，发展出他自己的解决科学问题的新方式。马丁·克莱茵叙述道，爱因斯坦是第一个严肃对待普朗克公式的物理含义的人，他不把它当作数学技巧看待。[①]

爱因斯坦 1904 年的论文中的另一个突破性的一点与普朗克的工作有关，是对 19 世纪末菲利浦·雷纳德（Phillip Lenard）和 J. J. 汤姆逊各自独立发现的光电效应的研究。雷纳德 1862 年生于现在称之为捷克斯洛伐克的那部分匈牙利地区，1905 年因其对阴极射线方面的工作获得了获诺贝尔奖。在他进行的实验中，特别

① 参见亨利·沃尔夫编著的《比例的奇异性》一书中克莱茵所写的部分。在同一卷中，麻省理工学院的托马斯·库恩在论及普朗克"发表黑体辐射谱分布公式时不接受能量是分立的观点"，以及爱因斯坦是第一个赏识"黑体辐射具有量子化的基本原则"时走得更远。库恩说"是爱因斯坦而不是普朗克第一个对普朗克振子进行了量子化"。这个论题已经不在学术范围之内了，但是毫无疑问爱因斯坦对量子理论的发展所做的贡献是非常关键的。

的是他在 1899 年发现在真空管中当光照向金属表面时，能产生阴极射线（电子）。光的能量以某种方式使电子从金属中跳出来。

雷纳德使用的是单色光，也就是说所有的光波均具有同样的频率。他想找出光强度对出射电子的影响，发现了一个惊人的结果。使用强一些的光（实际上他是将光移近金属，效果相同），即在每平方厘米金属表面上照射更多的能量，如果电子能得到更多的能量，那么，它应该更快地被击出金属表面，以更大的速度飞行。但是雷纳德发现，只要光的波长保持不变，所有出射的电子飞出的速度都是相同的。将光移近金属表面能产生更多的受激电子，但每个电子的速度仍保持与同样颜色的弱光时的速度相同。另一方面，使用更高频率的光（比如说用紫光替代兰光或红光做实验）照射时，电子确实走得更快些。

只要你准备好愿意放弃固有的经典物理的观点将普朗克方程看作是具有物理意义的，就很容易解释这一点。只要看看在雷纳德光电效应方面的工作及普朗克引入黑体辐射量子化以后的五年时间中，无人迈出这似乎简单的一步，就能知道这一步是何等的重要。实际上，所有爱因斯坦做的就是将方程 $E=h\upsilon$ 用到电磁辐射上来替代原子中的小振子。他说光不是连续的波（可 100 年来科学家们都认为是），而是以确定形式的波包或量子存在。具有特定频率 υ 的光（意味着具有特定的颜色）存在于具有同样能量 E 的波包中。光量子每次撞击电子时，它将同样大小的能量传给电子，因此，所有电子都具有同样的速度。光更强些仅意味着有更多具有同样能量的光量子，（如今我们称之为光子），但是改变光的颜色也就改变了它的频率，因此，也就改变了每个光子所带的能量。

这就是 1921 年爱因斯坦获得诺贝尔奖的工作。又一次证明了理论上的突破必须等待对事物较全面的认知。光子观点未得到立即认可，虽然总体说来，雷纳德的实验是和光子理论一致的，直到 10 年后，该理论预言的速度与光的波长之间的精确关系被实验证实以后才得以认可。此实验是由美国实验物理学家罗伯特·密立根（Robert Millikan）做的，而且在此过程中还发展出一个精确测定普朗克常数的方法。就是因为这个工作及其电子电荷的精确测定，1923 年密立根获得诺贝尔物理学奖。

爱因斯坦在那几年之中特别忙。一篇文章使他获得了诺贝尔奖；另一篇又在总体上证实了原子的真实性；第三篇产生了使他最为出名的理论——相对论。在同一年，几乎是无意地又忙于完成关于分子尺寸大小的工作，他将那篇文章提交苏黎世大学作为博士论文。在 1906 年 1 月他获得了博士学位。虽然当时物理学博士学位并没有像现在这样对于科研生涯那么关键，1905 年那三篇巨作出自于当时只能将自己名字签为"Mr."的爱因斯坦之手，还是很特别的。

在接下来的几年里，爱因斯坦继续从事于将普朗克的量子论用于其他物理领域的工作。他发现量子观点可以解决热容理论中长期未能解决的问题（热容是让固定质量的物质温度上升特定的振动方式，这些振动实际上量子化的）。这是一个不太吸引人眼球的领域，在爱因斯坦的工作中也常常被忽视，可是物质的量子论比爱因斯坦的辐射量子论更快地获得了认可，可以说服许多旧式物理学家正确地看待量子观点。爱因斯坦在直到 1911 年的这段时间中完善了他的量子辐射理论，确认光的量子结构是普朗克方程不可避免的含意。它指向一个真实的科学世界——要更深入地理解光必须包含波和粒子这个自从 17 世纪以来一直对抗的理论。到 1911 年，他的思路转向别处。他确信量子是真实的，他自己的观念都是这么定位的。他的兴趣是引力问题，到 1916 年这 5 年中他创立了他所有工作中最伟大的工作——广义相对论。直到 1923 年，才毫无疑义地确立了光的量子本性，这又引起波和粒子的争论，这种争论改变了量子理论，促使了现代理论——量子力学的产生。更多想法都集中在这一点上了。在爱因斯坦从这个课题转开的 10 年中，正是量子理论最初的繁荣时期。这来自卢瑟福模型的启迪，也主要来自丹麦科学家尼尔斯·玻尔的贡献，他曾在曼彻斯特跟随卢瑟福工作。在玻尔形成他的原子模型之后，再也没有人疑惑量子理论作为描述微观世界的价值了。

第 四 章

玻尔的原子论

　　到了 1912 年，一些关于原子的问题已有条件凑在一起了。爱因斯坦确立了量子论的广泛使用性，在其还未得到广泛接受时就引入了光子的概念。爱因斯坦说能量确实是以有限大小的包存在的。可将自动取款机的比喻推广——自动提款机仅能处理 5 英镑整数倍的货币单位是因为这是机器程序所设定的最小的货币流通单位。卢瑟福创立了原子的新图像，一个小的原子核处在中心，外边围着一群电子，这种观点也未得到广泛的支持。根据经典电动力学的理论，卢瑟福的原子是不稳定的。问题的答案是原子中的电子行为应该使用量子规则来描述。这又是年轻科学探索者们以新的思路来解决的问题——量子理论创生的继续故事。

　　尼尔斯·玻尔是丹麦物理学家，在 1911 年夏完成了他的博士论文，在当年的 9 月到剑桥的卡文迪什实验室跟着 J.J. 汤姆逊工作。他是个很年轻的工作者，有点害羞，英语说得不是很好；他发现在剑桥不易找到自己合适的位置，可是当他访问曼彻斯特时遇到了卢瑟福，他发现卢瑟福平易近人，对玻尔及其工作感兴趣。因此 1912 年 4 月，玻尔搬到曼彻斯特，开始在卢瑟福的小组里工作，主要集中研究原子的结构问题。6 个月后他返回哥本哈根，直到 1916 年仍与曼彻斯特的卢瑟福小组保持联系。

电子的跃迁

玻尔具有一种特别的天赋，这正是在此后 10～15 年中研究原子物理所需要的。他并不关心解释完整理论的所有细节，但是他更愿意将不同想法拼在一起形成一个至少是与观察到的真实原子相一致的理想"模型"。一旦他对要做的工作有个粗略想法，他就能将它们拼补起来形成一个更完善的图像。因此，他将原子视为小的太阳系，电子照着经典力学及电磁学规律做圆周运动。他还说电子不会因辐射旋转陷于坍入而离开其圆周轨道。因为电子只允许放出整块的能量——一整块的量子，而不是像经典理论所说的连续的辐射。电子的"稳定"轨道对应于某个特定大小的能量，每一个都是基本量子的整数倍，没有能量处于其间的轨道，因为这样的轨道的能量将是分数倍的。拿太阳系作比方有点合适，这就像是说地球绕太阳的轨道是稳定的，火星的轨道也是稳定的，在特定的轨道之间不存在其他轨道。

玻尔做的不应该是对的。整个轨道的想法依赖于经典物理；固定能量的电子态（后来称为能级）却来源于量子理论。将一点经典理论与一点量子理论拼在一起给出的原子模型并不能给出原子构成的深入认识，但它确实足够玻尔依其模型作出成就。后来发现这模型从哪个方面看都是不对的，但是它提供了向真正的原子的量子理论的一种过渡。不幸的是，由于它将量子与经典结合得极其优美以及原子作为小太阳系的图像直观明了，此模型不仅在刊物上，而且在中学乃至大学的教科书中都受到喜爱。如果你在中学学一些原子知识，我敢肯定你会学习玻尔的原子模型，不管在课堂上是否这样叫的。我要告诉你，你要忘记一切你所听到的，而且准备好被说服这不全是真理。你应该想办法忘记电子是绕原子核运动的"小行星"的想法，这也是玻尔最初的看法，它确实是误人的。一个电子就是简单地在核外，具有特定的能量及其他性质。我们将会看到，它以一种神秘的方式运行。

1913 年，玻尔早期工作取得了胜利，那就是它成功地解释了最简单的原子——氢原子的光谱。光谱学可追溯到 19 世纪早期，那时威廉·沃拉斯顿（William Wollaston）发现了来自太阳的光谱中有一些黑线。但是直到玻尔的工作产生后光谱学才成为探索原子结构的工具。如同玻尔将经典与量子混在一起取得成就，爱因斯坦光量子也能解释光谱，可是在这之前，先让我们后退一步去看看光谱是如何工作的。在这类工作中，除了将光看作电磁波外没有任何意义。①

据牛顿创立的学说，白光是由所有彩虹上的彩色光合在一起的，它们构成了光谱。每一种颜色对应特定的波长的光。用棱镜将白光分成七色光，我们就能将光谱展开以使不同频率的波落在屏幕或感光胶片的不同位置。短波的兰、紫光在光谱的这一头，长波长的红光则在光谱的另一头，在这两头的外面，光谱可以扩展到我们眼睛看不到的波长范围。对太阳光作这样的展开时，会发现光谱中特定位置处标着明显的黑线，它们对应着精确的频率位置。在还不知道这些黑线是怎么形成的时候，19 世纪的研究者们，如约瑟夫·弗劳恩霍夫（Joseph Fraunhofer）、罗伯特·本生（其名用以命名标准实验室灯即本生灯）以及哥斯塔发·基尔霍夫（Gustav Kirchhoff）就在实验中证实了每种元素都形成各自的一套谱线。一种元素（如钠）在本生灯的火苗中加热时，会发出特定

---

① 完整的最后理论告诉我们光即是粒子又是波，但我们还没有走到这一步！

颜色的光（对应钠的是黄光），它来自强的光辐射，在光谱中呈一条或多条明线。当白光通过包含这种元素的流体或气体时（即使以一种化合物的形式存在时），在光谱中呈现出一条或几条吸引暗线，像来自太阳的光线一样，光谱暗线的特定频率标志着特定的元素。

　　这解释了太阳光谱中出现暗线的道理。它们肯定是太阳气层中的较冷的气团物质，在光线从很热的太阳表面发出后经过它们时吸收掉了特定频率的光。这套技术为化学家们鉴别化合物中所包含的元素提供了一种有用的方法。例如将普通的盐放入火中，火焰呈现出特有的钠黄光（这种颜色在今天也常见于钠黄色的街灯中）。在实验室中，用小金属丝蘸取待测的物质，然后放在本生灯上就能看到特别的光谱。每一种元素给出自己的特定谱线图，即使在光强及火焰温度有所变化时，谱线图是不变的。谱线的规律清楚地表明元素的原子仅发射和吸收特定频率的光，绝不越雷池一步。通过与火焰实验比较，光谱学家解释了太阳谱线中的大多数暗线。它们得以解释是因为地球上存在并知道这些元素。著名的倒过程是，英国天文学家诺曼·劳克耶（Norman Lockyer）（他创立了科学杂志《自然》）发现太阳光谱中一些谱线无法用已知元素作解释，说这一定是由一种原来不知道的元素组成的，他称之为氦。后来以另外方式在地球上找到了氦，发现其谱线恰好能补充太阳谱线中的几条暗线。

　　借助于光谱，天文学家可以探测到遥远星体及银河系是由什么东西构成的。而原子物理学家则可以用同一工具探索原子的内部结构。

　　氢原子光谱极其简单。现在我们知道，这是由于氢是最简单的元素，氢原子包含一个带正电的质子及与之相对应的一个带负电的电子。提供氢原子"指纹"标志的谱线称为巴尔末线，这个名字来自约翰·巴尔末（Johann Balmer）。他是一位瑞士的中学教师，在 1885 年得出了描述氢原子谱线的一个公式，这年正巧是尼尔斯·玻尔出生的时候。巴尔末公式标志着氢原子的这条或那条谱线。从氢原子第一条谱线起，即光谱中的红光部分，巴尔末公式给出的另一条氢谱线是绿色的。从绿色谱线开始，将公式用上可得到下一条谱线在紫色区，以此类推。[①] 巴尔末在推导他的公式时仅知道在可见光区的四条谱线，可是其他的谱线也被发现并被拟合出来了；当更多的氢原子谱线在紫外和红外被识别出来后，它们也符合这种简单的数字关系。很明显巴尔末公式说明了氢原子结构中有一些有意义的东西，可又是什么呢？

巴尔末公式在物理学家中已成为公认的常识，到玻尔开始他的工作时，也成了物理大学生的教课内容。可是这仅是复杂的光谱数据的一部分，而玻尔又不是光谱学家。当他开始解答氢原子结构之谜时，没有马上想到巴尔末的谱线序列很明显是解开这个迷的钥匙。可是当一个专长光谱学的同事给他指出巴尔末公式是那么的简单时（不管其他原子的是多么复杂），他马上看到了它的价值。此时，早在 1913 年，玻尔已经肯定答案存在于将普朗克常数 h 引入描述原子的公式中。卢瑟福原子仅包含两种基本数，电子的电荷 e 及粒子的质量 m。无论怎么拼凑，你都不能得到一个具有从质量和能量组合在一起的长度量单位的量，因此，卢瑟福的模型不具有自然长度单位。但是一个作用量如 h 加入后就可以构造出以长度为量纲的数，大体上说它应反映出原子的尺寸来。表达式 h^2/me^2 具有尺寸单位，大小约为 20×10^{-8} 厘米，它应符合散射

---

① 简单地讲氢原子光谱中前四个谱线可由分数 9/5，16/12，25/21 和 36/32 乘以一个常数得到（36.456×10^{-5}）。在这个公式中每个分数的分子由平方数序列给出（3^2，4^2，5^2，6^2……）分母是平方数之差即 3^2-2^2，4^2-2^2 等等。

实验及其他方面的研究。对玻尔来说，很明显 h 属于原子理论。巴尔末的级数给出了它的所在。

原子怎么会形成很清晰的谱线呢？通过吸收或发射精确频率 v 的能量，能量通过普朗克常数与频率关联着（$E=hv$），如果原子中的电子发射出量子能量 hv，那么电子的能量变化必须精确地等于 E。玻尔说绕原子核作"轨道"转动的电子会待在"轨道"上是因为它们不能连续地辐射能量，但是可以允许发射（或吸收）整个的量子能量——单个光子，电子从某一能级（图像的原本轨道）跳到另一能级。这似乎是简单的想法，实际上标志着经典思路的另一突破。这好像是火星从它的轨道上突然消失而又在地球轨道上突然出现，同时辐射到空间中一个能量脉冲（在这种情况下可能是引力辐射）。你马上看到在解释这种行为时，太阳系原子模型是多少的差劲，而将原子中的电子简单地视为处于不同态对应着不同的能级又是多么的好。

从能的某一态到另一态的跃迁是双向的，可跃向高能级，也可跃向低能级。如果一个原子吸收光，则光量子 hv 被用于将电子移向高能级（台阶上更上层的阶）；如果电子落回到原来的态，原子会辐射出同样的能量 hv。巴尔末公式中神奇的常数 36.456×10^{-5}，可以由普朗克常数自然地表示出来。也就是说，玻尔以氢原子中的单电子允许的能级，测量到的谱线的频率，现在可解释为不同的能级间的能量差。[①]

---

① 在处理电子或原子时，日常能量单位显得太大了，不太方便。合适的单位是电子伏特（eV），它代表一个电子通过 1 伏特的电势时所需的能量。此单位是 1912 年引进的，换算到寻常的单位 $1eV=1.602 \times 10^{-19}$ 焦耳，每瓦特是每秒 1 焦耳。日常灯泡以 100 瓦特的速率消耗能量，如果愿意，你可表示为 6.24×10^{20} 电子伏特/秒。讲到我们的电灯每秒辐射 $6.24 \times 10^{20}eV$ 的能量听起来一定是难忘的，但这和 100 瓦特是相同的。在电子转移时产生谱线对应能级变化为几个电子伏特——将电子打出氢原子需 13.6eV 的能量。放射过程中粒子产生的能量为几百万个电子伏特，或表达为 MeV。

得到解释的氢原子

与卢瑟福讨论自己的工作以后，玻尔在 1913 年间发表了数篇原子理论的文章。此理论对氢来说是完好的，看来似乎可以发展到进一步解释更复杂原子的谱了。九月份玻尔参加了英国科学进步协会主办的第 83 届年会，在会上，他讲了他的工作，与会的有许多最有名的原子物理学家。他的报告总体上是被接受了，詹姆斯·简爵士称它为天才的、有创意的和令人信服的理论。J.J. 汤姆逊等人对此保留怀疑。这次会议，即使没有说服一些科学家，但他们至少也知道了玻尔和他在原子方面的工作。

普朗克被迫将量子理论用于光理论后 13 年，玻尔将量子引入了原子理论。只是又过了 13 年，真正的量子理论才得以登场。那时，量子理论步履维艰，退一步进两步，有时是退两步进一步才能走到正路上来。玻尔的原子是个大杂烩，他将量子理论观点与经典物理混在一起使用而使模型成立。这种理论"允许"存在的谱线比我们从不同原子中所实际观察到的谱线要多，需引进独断的规则以标定原子中不同能级之间的某些跃迁是要"禁止的"。原子的一个新特性——量子数只是临时性地用于满足实验结果。没有基础物理保证为什么量子数是必需的，以及为何某些跃迁是要"禁止的"。在玻尔引入最初的原子模型时，欧洲被第一次世界大战搅乱了。

如同其他生活形式一样，1914 年，科学不会再同以前一样了。战争阻止了研究者们从一国到另一国迁移的自由。从第一次世界大战开始，一些国家的科学家们发现，他们难于再同世界上其他国家的同行们交流了。战争也给物理学曾在 20 世纪初一度辉煌的

45

科学研究中心带来了直接的影响。在交战国，年轻人离开了实验室，加入了战争，只留下像卢瑟福等一样的老教授尽力做好工作；许多1913年后选择了玻尔的思想并要坚持下去的年青一代都死于战争。中立国的科学家也受到了影响，尽管一些人以某种形式从其他人的灾难中得到了好处。玻尔本人被聘用于曼彻斯特物理杂志；在丹麦城市哥廷根，彼特·德拜（Peter Debye）对晶体结构进行了重要的实验，使用X射线作为探测物。确实，荷兰和丹麦在当时成了科学沙漠的绿洲。玻尔在1916年返回丹麦，成为哥本哈根理论物理学教授，接着在1920年创建了以他名字命名的研究所。来自像阿诺德·索末菲（Arnold Sommerfeld）[1] 之类德国研究者的消息可以传到中立国的丹麦，接着由玻尔再到英国的卢瑟福实验室。研究仍有进展，但情况不再一样。

战后，有许多年德国和奥地利科学家不被邀请参加国际会议；俄国卷入革命的洪流；科学失去了年青的一代，也失去了国际性。将玻尔的原子从半途（确定地说，已被勤奋的研究者们改善为虽摇摇欲坠却很具说服力的理论）推向量子力学的辉煌重任落在全新的一代人身上来了。这代人的姓名在近代物理中很响亮——维尔纳·海森伯、保尔·狄拉克，沃尔夫冈·泡利等等。他们属于第一代量子力学人物，生长在普朗克的贡献之后（泡利生于1900年，海森伯1901年，狄拉克1902年），20世纪20年代才进入科学的研究领域。他们没有经过经典物理学根深蒂固的培训，没有这方面的障碍，不像显著的科学家（如玻尔）需要在原子理论中保留经典的味道。从普朗克发现黑体辐射方程到量子力学的繁荣经历了26年，这也许是恰当的而不不是巧合，正好是将一代物理家培养为科学研究者的时间。这代人除了普朗克常数外，还有另

---

① 他与人合作改进了玻尔的原子模型，因此，该模型有时称为玻尔—索末菲原子。

外两种遗产：首先是玻尔的原子，他明确地指出任何让人满意的原子过程必须将量子观点与之结合在一起；第二种遗产来自当时最伟大的科学家，他毫无例外地从未被经典物理学绊住过脚。在1916年，正值战争最激烈的时候，爱因斯坦在德国工作，他在原子理论中引进了概率的概念。他之所以这样做纯属权宜之举，在原子理论这个大杂烩中又增加了一条，目的是为了使玻尔原子与观察到的真实原子相符。但是这权宜之举却比玻尔原子存在的时间更长，成了真的量子理论的基柱，尽管好笑的是爱因斯坦本人在著名的论断"上帝不会掷骰子"中放弃了它。

一个偶然的要素：上帝的骰子

早在20世纪初，当卢瑟福及其同事弗里德里克·索蒂（Frederick Soddy）研究放射的本性时，他们就已发现了原子的一个奇怪的基本性质：在熟知的原子核放射性衰变中，单个原子存在着基本的随机性（现在我们知道衰变是原子核的破碎发射出一部分核的碎片），这种随机性又不受外界影响。加热或冷却原子，将其放于真空中或水桶中，放射性衰变过程都不会受到影响。好像是你无法精确预料一个放射性物质的一个特定原子何时会衰变放出 α 或 β 粒子，或是 υ 射线来，可是，对于同种元素的很大数目的原子，在特定的一段时间中有特定的比例会发生衰变。特别是，对于每一种放射性元素，存在一个特定时间段，这叫做半衰期，在简单衰变中，这段时间内刚好有一半的原子进行了衰变。比如说镭具有1600年的半衰期；一种放射性同位素的碳称为碳－14具有6000年的半衰期，由此可用来作考古年代测定；放射性钾的半衰期为1300百万年。

　　在不知是什么原因使得很多原子中的一个发生破碎而相邻的却不会发生的时候，卢瑟福和索蒂就将统计基础理论运用于放射性衰变的研究中。这个理论使用了如保险公司一样的保险精算原理。保险公司知道有些人死得早，他们的后人从保险公司拿到比保险费多得多的补偿；另一些人活得久，则足以有保险费去补偿前者。在不知道客户在什么时间死的情况下，统计表就可以使会计账目平衡。同样，统计表也可以使物理学家算出这个账，只要他们处理的原子数目足够多。

　　这种行为的另一个特征是放射性物质样本不会很快失去放射性。从百万个原子开始，在一定时间内衰变减半，到下一半衰期——

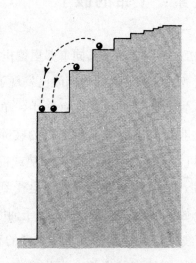

图 4.1　能级的跃迁

　　像氢原子那样的单个原子能级可比作有不同高度
的台阶，放在不同台阶的小球代表电子处于原子的不
同能级，小球从一个台阶移到另一台阶会释放精确数
目的能量，对应氢原子光谱中的巴尔末谱线系，台阶
之间没有可供电子"落脚"的地方。

同样的一段时间，余下的放射性又会减半，这样一直下去。样品中余下的放射性原子越来越少，越来越接近于 0，但每一步趋向零都要花相同的时间。

在当时，像卢瑟福和索迪之类的物理学家认为最终会有人发现原子衰变的原因，因而可以运用统计解释这个过程的本性。当爱因斯坦把统计技术用于玻尔原子以解释原子光谱的细节时，他也期望后来的发现会取消这个"统计表"。可是，他们全错了。

原子的能级或原子中的电子态可以认为是一系列的台阶。每个台阶间隔所代表的能量是不相同的——上面的台阶比低层的台阶密得多。玻尔证明最简单的氢原子的能级可以表示为台阶，每个相邻台阶间距正比于 $1/n^2$，此处 n 是从底部起的台阶序号。从台阶 1 到台阶 2 的转变，电子需要吸收刚好 $h\upsilon$ 的能量；如果电子落回到第一个台阶（原子的基态），那么它会放出同样的能量。没有办法让基态电子吸收更少的能量，因为第一到第二台阶之间没有中间的台阶供电子歇脚；处于第二能态的电子也不能放出比这个能量量子更少的能量，因为除基态外，中间别无能级可供电子落脚。由于存在许多电子可以居住的台阶，因为电子可以从这个台阶跃到另一个台阶，因此，每一个元素的光谱中都有许多条谱线。每一条谱线都对应着台阶间的一个跃迁——在不同能级之间的跃迁。例如，所有落回到第一能级的电子转变产生了巴尔末谱系；所有跃回第二能级的转变产生了另一谱系[①]，以此类推，在热的气体原子中，原子之间总存在碰撞，电子被激发到高能级然后落回，发射出相应的光谱线。当光穿过冷的气体时，处于基态的电子能够激发到高能态，同时吸收相应的光线，在光谱中留下暗线。

---

① 实际上氢光谱巴尔末系对应的是到第二能级的跃迁。

49

如果玻尔原子模型有些意义的话，这种热原子怎样辐射能量应于普朗克定律相关联。腔辐射的黑体谱线可简单地解释为原子中的电子从一能级跃迁 到另一能级对辐射能量的综合效应。

1916 年爱因斯坦已经完成了广义相对论，他又一次将注意力投向量子理论（与其主要工作相比，这可算是消遣）。可能是受到玻尔原子模型成功的鼓励，抑或是他自己的光粒子说理论最终站稳了脚跟。一个美国物理学家罗伯特·密立根在爱因斯坦 1905 年对光电效应作出解释时曾强烈地反对他。他花了两年时间设计极高明的实验，初始目的是为了证明爱因斯坦的解释是错的，但是到后来，在 1914 年却直接从实验上验证了爱因斯坦将光解释为光量子的理论。在此过程中，他发明了一个精确测定 h 的实验。最后，最有讽刺味的是，他因此项验证及电子电荷的测定而获得了 1923 年的诺贝尔物理学奖。

爱因斯坦认识到，原子从激发态——电子处于高能态到低能态的辐射，同原子的放射性衰变极其相似。他使用了波尔兹曼发明的（处理原子的统计行为）统计方法来处理单个的能级，得出了特定原子处于具有某个特定量子数 n 的概率，并且使用概率辐射"统计表"推导出处于第 n 态的原子衰变为比它小的能级（更低的量子数）的概率。完全从量子观点出发，清楚简单地推导出了黑体辐射的普朗克公式。接下来，玻尔采用了爱因斯坦的统计观点，扩展了他的原子模型，可以将谱线中某些谱线比其他谱线更亮解释为某些能态之间的跃迁概率更大，也就是说，比其他的更易发生。但他不能解释为什么是这样的，当时也没有人顾得上问这个问题。

正如当时研究辐射的人一样，爱因斯坦认为统计表不是一个最终办法，后来的研究一定能够确定一个特定的转变为何是那个时候发生的，而不是别的时刻。在发现放射性衰变及原子能级转变时并没有"内在的原因"。它更真切地显示出这种改变完全出于偶然，依赖于基本统计，这已开始引发一个基本哲学问题了。

在经典力学中，每件事物的发生总有其原因。你可以追踪一件事发生的原因，原因的原因，直到宇宙大爆炸（如果你是个宇宙学家），或追踪到宗教教义中的造物时刻，如果你赞同这个模型的话。但是在量子世界中，只要你观察一下放射性衰变及原子的转变，你就会发现这种简单的因果性消失了。电子不可能出于某个原因在某个时刻从一个能态转移到另一个。从统计意义上来说，低能级是原子愿意呆住的，因此这好像（这种可能性是可以定量的）电子早晚要转移，但是无法知道什么时刻发生转移。没有外面的东西推动电子，也没有内部定时机构去标定跃迁的时刻。它发生了，没有原因是在这时刻而不在那时刻。

不能停留在严格的因果上，许多19世纪的科学家会被此观点给吓住，我想本书的读者是否也有此感觉。但这只是进冰山的第一步，只是量子世界奇特的真实性的一点线索，虽然它至今仍未受到赏识。仍值得注意的是，它来自1916年，来自爱因斯坦。

透视原子

详细叙述从玻尔原子模型的创立起就开始的直至1926年的不断完善的过程中的所有细节真是太冗长了，要展示为了向真理迈进走的回头路更是啰唆。但是由于玻尔原子在教科书中及公众读物中如此根深蒂固，值得一提。玻尔原子的最后形式牵扯到我们日常所习惯的现象。那个不可见的弹球一样的古老原子原来不仅可分，而且其中几乎全是空的，另外还有行为古怪的奇怪粒子。玻尔提供了一个将这些怪东西描述为日常所见现象的一个框架；

虽说在某种程度上摈弃这些日常观点再全力进入量子力学的世界也许更好，可多数人愿意停下来先看看玻尔原子模型。在经典到量子的征途中，让我们停下来喘口气儿，休息一会儿，然后再进入那个未知领域。但是，我们不要将时间和精力浪费在错误和半真理之中。而是使用 80 年代的观点回顾玻尔原子的现代描述，包括实际上在后来才得以解决的一些问题。

原子是很小的。阿伏伽德罗常数是 1 克氢气中所含的原子数目。然而氢气不是我们日常生活中所见的那种东西，因此，为了得到原子是多么小的概念让我们转而去想象一块碳、宝石等等。因为每个碳原子是氢原子的几倍重，和 1 克氢所含相同原子数目的碳是几克。1 盎司比 3 克多一点，因此换算起来几克碳是 4 盎司，约为 1 磅的 ¼。这是我们熟悉的尺寸和重量——一块黄油，1/4 磅的一包糖。就这么多碳就含有阿伏伽德罗常数（6×10^{23}）个原子。我们怎么理解这个数呢？大数一般被称为是"天文数字"，确实许多天文数字是很大的，因此，让我们在天文学中寻找一个比较大的数。

宇宙的年龄，天文学家认为大约是 15 个十亿年，也就是 15×10^9 年。很明显 10^{23} 比这个 10^9 还是大得多，让我们将时间单位换成我们所熟悉的单位——秒。每年有 365 天，每天 24 小时，每小时 3600 秒，总之每年约为 32 百万秒，大约为 3×10^7，按乘法 10^9 与 10^7 相乘得到 10^{16}，因此，按秒算宇宙的年龄是 5×10^{17}。

这离 6×10^{23} 还很远，差十的六个量级。看起来有 10 的 23 次方可以拼着玩似乎很不错，但它意味着什么？我们将 6×10^{23} 除以 5×10^{17} 取其指数部分，我们得到约大于 1×10^6，即 100 万的数。设想有一个超自然生命从宇宙大爆炸开始就观察我们宇宙的演化，这个生命具有 1/4 磅的碳和一把小得足够夹得起一个原子的镊子。从我们宇宙开始大爆炸的时刻起，每秒钟，这个生命移去这块碳中的一个原子，直至现在。有 $5×10^{17}$ 个原子丢掉了，还余下多大比例呢？经过所有这些之后，不断地工作了 15 个十亿年，这个超自然生命仅移去了这块碳的一百万分之一；余下的仍是扔掉的一百万倍。

现在，你也许对原子有多么的小有了概念了吧。奇怪不在于玻尔原子模型是一个粗略的，近似的模型，或者日常所见的物理规律已不再适用于原子。奇迹在于我们能够理解原子中发生的一切，也就是我们能够找到一种方法以填平经典的牛顿物理学到原子的量子物理这个鸿沟。

只要能够构造出这么小的物理世界的一个物理图像，就能知道一个原子会是什么样的。就像卢瑟福展示的那样，一个小原子核居中，周围被电子的云团所包围着，恰似嗡嗡叫的蜜蜂。起初，认为原子核只由质子组成，每一个带有如电子电荷一样多的正电荷，因此，质子数目与电子的数目相等，使每个原子呈现电中性；后来发现原子核中还包含着另一种基本粒子，它与质子相同，只是不带电，这就是中子。除最简单的氢原子外，其他原子的原子核中既有质子也有中子。当然由于原子呈中性，原子中包含的质子数与电子数一样多。原子核中的质子数决定了原子属于什么元素；电子云之中的电子数（与质子数相同）决定了原子及元素的化学性质。一些原子相互之间具有相同的电子数或质子数，但具有不同数目的中子，所形成的化学元素称为同位素。此名字是 F. 索迪在 1913 年命名的，源于希腊词义"同一处"，因为发现原子的质量不同，但属于元素周期表的同一位置。在 1921 年索迪因对同位素的研究获得诺贝尔奖。

最简单元素的最简单同位素是氢的常见形式，原子中仅有一个质和一个电子。在氘中每个原子由一个质子、一个中子和一个电子构成，但化学性质与通常的氢相同。由于一个中子和一个质子的质量相同，约为电子质量的 2000 倍，核中的质子加中子的总数目差不多决定了原子的质量。通常以 A 记之，称为质量数。核子中的质子数决定了原子的化学性质，称为原子数，以 Z 记之。原子质量的测量单位顾名思义为原子单位，定义为有 6 个质子 6 个中子的碳同位素质量的 1/12。此同位素称为碳－12 或记为 ^{12}C；另外的同位素是 ^{13}C 和 ^{14}C，它们核中分别有 7 个和 8 个中子。

核的质量越大（含有更多的质子数），同位素就越多。例如锡的原子核中有 50 个质子，具有 10 个稳定的同位素；质量数从 A＝112（62 个中子）到 A＝124（74 个中子）。一般稳定核中至少有与质子相同个数的中子数（除简单的氢外）；核中的中子可以帮助把具有排斥作用的质子粘在一块。放射性是指非稳定核转化为稳定核的转化方式，在此过程中能发放辐射。β 辐射是中子转变为质子时发放电子的过程；α 粒子是非稳定核根据本身的要求通过发射 2 个质子和 2 个中子来调节其内部结构的过程；很重的非稳定核通过现在称为核裂变或原子裂变的过程裂变成两个或两个以上的更轻及更稳定的核，同时伴随 α 或 β 辐射。所有这些过程均发生在比无法想象的原子尺寸更小得无法想象的体积之内。原子的典型尺寸是 10^{-10} 米的大小；核都是 10^{-15} 米为半径的，比原子小 10^{5} 倍。由于体积与半径的立方成正比，我们还需将指数乘以 3 才能得到原子体积是原子核体积的 10^{15} 倍。

得到解释的化学

电子云构成原子的外层，这意味着原子通过电子云相互作用。大体上原子无法觉知到埋在电子云中心的是什么——另一个原子"看"及"感受"到的是电子云本身，原子间的电子云的相互作用才对应着化学性质。正是玻尔原子模型较为全面地解释了电子云的特征，才使得化学纳入科学的范围。化学家们常常感到许多元素尽管质量不同但其化学性质却很相似。当化学元素依其质子灵敏程度排成表时，这种相似性呈规则的重复，例如一种情形的再现以 8 个原子数的排列为周期。这就构成了一个表，表中相似化学性质的元素都排在一起，就构成了元素周期表。

1922 年 6 月，玻尔访问了德国的哥廷根大学，作了量子理论及原子结构的系列报告。当时，在马克斯·玻恩的领导下，哥廷根大学几乎是第三个发现量子力学的中心。马克斯·玻恩在 1921 年在那里任理论物理学教授。他生于 1882 年，是普鲁士布雷斯劳大学解剖学教授的儿子，20 世纪初普朗克思想刚刚出现之时，他就成了一名出色的好学生。他刚开始学的是数学，在完成其博士论文后转而从事物理学研究工作（曾在卡文迪什实验室工作过一段时间）。正如我们将看到的那样，他早期打下了理想的训练基础。作为相对论专家，玻恩的工作总有很浓厚的数学味，这与玻尔的工作形成了鲜明的对比。玻尔的工作是补丁似的，形成于其不同寻常的洞察力与物理知觉，玻尔总是将数学上的细节留给别人。这两种天才对原子的新认识都至关重要。

玻尔在 1922 年 6 月份的演讲是战后德国物理学复苏的大事，也是量子理论史上的一件大事。来自德国各地的科学家们出席了会议，称为"玻尔节"（具有不太微妙的双关含义）。在这些报告中，通过仔细准备，玻尔首次成功地在理论上解释了元素的周期性，此理论直到现在还基本没变。玻尔的观点是将电子如何加到原子核中。无论原子数是几，第一个电子将占据对应氢原子基态的能级。接下来的一个电子将进入同一能态，给出了氢原子的电子云外形，它具有两个电子。但是玻尔说在原子的这层能级上已经不再有空位置了，下一个加入的电子将进入不同的能级。因此，核中有三个质子外面有 3 个电子的原子具有两个挤得离核较近的电子及另外一个电子；在化学性质上应与具有一个电子的原子类似。Z＝3 对应锂元素，它确实表现出与氢原子相似的化学性质。下一个与氢原子化学性质相类似的原子是钠 Z＝11，排在锂后的第 8 位。因此，玻尔说在两内层电子（芯电子）之外，必须有一套能级能提供 8 个可占据的位置，当这些位置被占据后，第十一个电子只得去填充受原子核约束不太紧的另外的能级，因此，又表现出与只有一个电子的原子核相同的外貌来。

这些能态被称为"壳层"，玻尔是这样成功地解释了元素周期表的，当 Z 增加时，电子相继填充在"壳层"中。你可将壳层想象为洋葱，一层套在另一层的外面；与化学性质有关的是原子最外层电子的数目，在原子与另外原子相互作用时，内层电子（芯电子）仅起次要的作用。

按照电子的"壳层"说法，并结合光谱学的结果，玻尔将元素周期表中元素的关系解释为原子结构的原因。他没想过为何一个壳层中有 8 个电子就是满的（"闲的"），但他却让听众都毫无疑问地相信他发现了基本真理。如后来海森伯所说，玻尔"并没有给出任何数学证据……他只是知道这多少是一种联系"。爱因斯坦 1949 年在他的自传中将玻尔工作成绩归为量子理论，"这些不严谨又自相矛盾的基础却足以使像玻尔这样具有奇特天赋与技巧的人发现谱线，原子的电子壳层的主要规律及有意义的化学现象，对我来说，这像个奇迹——至今我仍以为是个奇迹"。

化学牵扯到原子如何作用以构成分子。为何碳与氢的结合是四个氢原子一个碳原子而构成甲烷？为什么氢原子是以分子形式存在的？每两个原子组成一个氢分子而氦原子却不构成分子？等等。在壳层模型中答案来得出乎意料地简单。每个氢原子有一个电子，而每个氦原子却有两个电子。如果有两个电子，"最内壳

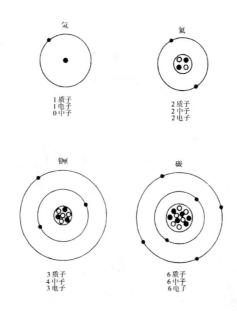

图 4.2 原子外电子排布的壳层结构

一些简单元素的原子可以表示为原子核外电子在阶梯
能级中排布的壳层结构，量子规则只允许 2 个电子处在最
低能级，锂具有 3 个电子，因此只能将另一个电子排布在
次级的能级上，第二层只有 8 个电子的位置，碳刚好半
满，这就是为何它具有那么有趣的化学性质的原因，因此
是构成生命的基础元素。

层"就是满的，而填满壳层的原子更稳定（由于一种未知的原
因）——原子更"愿意"填满壳层。当两个氢原子结合形成分子
时，他们共用两个电子，就像两个原子都觉得填满了壳层一般。
而氦原子本身已具有满的壳层，对这种设计不感兴趣不愿参与任
何化学反应。

碳原子核内有 6 个质子，核外有 6 个电子。两个电子占据内壳
层，余下 4 个电子排在外壳层中，因此外壳层是半满的。4 个氢原
子每一个都与碳的一个外层电子共享，以供自己电子壳层填充之

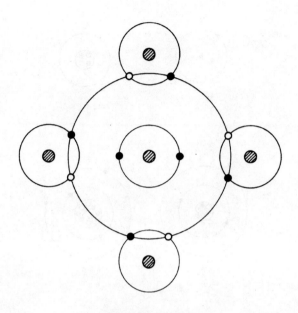

图 4.3　共价键

当一个碳原子与 4 个氢原子结合时，电子是共用的，
每个氢原子好像具有满的内层结构而每个碳原子在它的第
二壳层中也似乎有 8 个电子，这是很稳定的组合。

需。每个氢原子最后都形成两个电子的准闭壳层，而每个碳原子
也具有 8 个电子填充的第二个准闭壳层结构。

　　玻尔说，原子合成时，原子离得很近以形成外面的闭壳层。
有时，像氢分子最好认为一对电子被两个原子共用；别的情况更
合适的图像是外壳层具有多余电子的原子（如钠原子），将电子送
给外层有 7 个电子和一个空位置的原子（如氯原子）。每个原子都
皆大欢喜——钠，通过丢失一个电子，余下一个更深层的全满的
"露在外面"的壳层；氯原子，由于获得了一个电子，将其最外层
填满。可总的结果是钠原子通过丢失一个负电荷的电子成为一个
带正电的离子，而氯原子获得一个电子成为阴离子，由于正负电
荷的相互吸引，形成电中性的氯化钠分子，此即食盐。

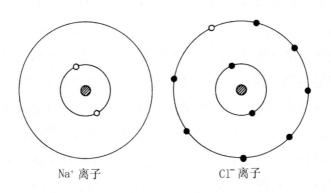

Na⁺ 离子　　　　　　　　Cl⁻ 离子

图 4.4　离子键

钠原子通过丢弃一个电子形成较稳定的量子构形，因此带正
电，氯原子通过接受一个电子形成 8 个电子的外层满壳层的电子
结构，因此带负电，带电离子通过静电作用形成分子或像普通食
盐（NaCl）之类的晶体。

　　所有的化学反应均可作如是解释，以达到外层闭壳层为原则，
原子之间共用电子或传递电子。与外层电子有关的能级跃迁形成
了一种元素的谱线指纹，与深层壳层有关的能量转换（因这一能
量要高一些，是谱线中的 X 射线成分）对所有的元素都是相同的，
这确实也被证实了。如最好的理论一样，玻尔的模型被其成功的
预言所证实。

　　将元素排成周期表后，在 1922 年发表的表中存在一些间断，
对应未被发现的元素，其原子序数分别为 43，61，72，75，85 或
87。玻尔的理论模型预言了这些"丢失"的元素的细致性质，比
如说 72 号元素应与锌有相似的性质，这种预言与另一种基于原子
交替模型所作出的预言是相反的。当铪元素发现时，发现其谱性
质恰如玻尔所预言的那样。

　　这是旧量子理论的最高成就。3 年之后，这些就被扫得荡然无

存，虽然就物质的化学性质而言，你不用比这种想象多多少就可以解释：原子核外有很小的粒子——电子，它们绕核转动，更倾向于充满壳层（或排空，总之不愿处于中间态），① 如果你对气体的物理感兴趣，你仅需将其看作硬的不可打碎的弹球就可以了。19 世纪的物理可用到日常生活中；1923 年的物理可解决大部分化学问题；20 世纪 30 年代的物理将我们带入至今不知所以的终极真理探索过程中。与量子革命相比，这 50 年来物理学还没有什么特别大的突破，这段时间内，其他学科以少数天才的见识在追赶。20 世纪 80 年代初，巴黎的艾斯派克特实验的成功结束了这种追赶，实验直接证明了量子力学中最奇特的方面是这个真实世界的文字描述。现在正是寻求量子真实性的世界到底如何神奇的时候了。

---

① 当然我夸大了化学的简单性。解释 1920 年末至 1930 年末早期发展的复杂分子需要"更多"的东西，需用到量子力学发展成果。多数工作是一个叫林奈·泡利的人做的，现在熟悉的维生素 C 的和平支持者。他获得了诺贝尔和平奖，因为他的工作被用为"为其在化学键的自然本质及在揭示复杂物质结构方面的应用"。那些由物理化学家泡利发明的借助于量子理论来阐述的"复杂物质"的方法，打开了生命分子研究方法的大门。

第二部分

量子力学

第五章

光子和电子

在物理学中处理微观系统的理论称为量子力学。这个理论的提出是普朗克和玻尔的杰作，它与经典力学不同。直到人们接受了爱因斯坦光量子的思想，以及认识到必须同时使用粒子和波这两个概念来描述之后，我们今天所知道的量子理论才开始形成。爱因斯坦是在1905年的一篇论述光电效应的文章之中，引入光量子这个概念的，然而这一思想直到1923年才被人们普遍接受。爱因斯坦本人是非常谨慎的，他深知他这项工作的革命性内涵。在1911年的首次索尔菲研讨会[①]上，他告诉与会者："我坚持认为这只是个临时性的概念，看起来它与波动理论的实验结果不可调和。"

尽管密立根在1915年就证明了爱因斯坦关于光电效应的方程是正确的，但是在他看来接受光的粒子性仍是毫无道理的。回首看一下他从40年代以来的工作，密立根在检验这个方程时曾评论道："在1915年尽管是毫无道理，但我还是不得不宣布这个理论得

①　索尔菲研讨会是由比利时化学家厄内斯特·索尔菲发起、赞助的一系列科学论坛。这位化学家因为提出了碳酸钠的制备方法而享有盛名。他对抽象科学特别感兴趣，所以他为这些聚会提供经费。在这些会议上，一流科学家们可以见面并交流他们的观点。

到了毫不含糊的验证……这看起来违背了我们所知道的，关于光的干涉的一切知识。"当时他以更有说服力的方式表述了自己的观点。在报告关于爱因斯坦光电效应方程的精确实验验证时，他继续说道："虽然爱因斯坦利用这个半微粒理论推出了光电效应方程，但在目前看来这个理论是站不住脚的。"这是 1915 年的记载。在 1918 年，卢瑟福评论道，在 13 年前爱因斯坦用光量子假设来解释的能量和频率之间的关联看起来"并不是物理意义上的解释"。这并不是因为卢瑟福不知道爱因斯坦的建议，而是因为他不能被说服。既然用来检验光的波动理论的实验都表明光是由波构成的，那么光怎么能是由粒子构成的呢？①

光的粒子性

到了 1909 年，爱因斯坦不再是一个专利局职员，他在苏黎世获得了他的第一个学术职位——副教授。在这前后，爱因斯坦向前迈出了虽然小但是有意义的一步——第一次使用"具有能量 $h\nu$ 的点状量子"。像电子之类的粒子在经典力学中用"质点"来描述。这里除了辐射频率 ν 给定粒子的能量外，与波的描述差距甚远。爱因斯坦在 1909 年说道："根据我的观点，理论物理发展的下一步将给我们提供一种关于光的理论，这种理论可以看作是波动理论和辐射理论的融合体。"

这个评论在当时几乎没有引起什么注意，但它却撞击了现代量子理论的核心。在 20 世纪 20 年代，玻尔将这个崭新的物理学基础称为"互补性原理"。这个原理指出，（在这种情形下）光的波

① 参见 A. 派斯，《难以琢磨的上帝》。

动理论和粒子性理论不是相互排斥的，而是相互补充的；为了提供一个完整的描述，这两个概念都是必要的。这清楚地表明光"粒子"的能量需要根据其频率或波长来测定。

然而爱因斯坦在发表这个评论后不久，就不再深入地思考量子理论，而是去发展他的广义相对论。当他在 1916 年回到这些支离破碎的量子理论时，又从另外的逻辑角度发展了光量子的图像。这一点我们已经看到，他的统计思想有助于人们整理玻尔的原子图像，并且使普朗克的黑体辐射描述更加完善。物质吸收或放出辐射的方式也解释了动量如何从辐射传递给物质，这方面的计算是假设辐射的每一个量子单位 $h\nu$ 携带 $h\nu/c$ 的动量。这项工作使人们回想起 1905 年的一系列关于布朗运动的文章。就像花粉颗粒受到气体或液体分子的冲击，就像它们的运动证实了原子的存在一样，原子本身也受到黑体辐射"粒子"的冲击。原子和分子的这种"布朗运动"不能直接观察到，但这种冲击导致了统计效应的出现。这种效应可以根据气体的压力特性进行测量。爱因斯坦用带动能的黑体辐射粒子这类术语所作的解释具有统计效应。

然而，关于光"粒子"动量的同样描述可以直接从狭义相对论推导出来。在相对论中，一个粒子的能量 E、动量 p 和静止质量 m 满足一个简单的方程：

$$E^2 = m^2 c^4 + p^2 c^2 。$$

因为光子没有静止质量，这个方程立即化简为

$$E^2 = p^2 c^2$$

或简单地写为 $p = E/c$。这个关系竟花费了爱因斯坦这么长的时间，

确实有些令人吃惊。随后爱因斯坦便转入考虑其他的问题例如广义相对论了。一旦找到了联系,统计描述和相对论之间的一致性就使得理论描述更加完美了(从另一种观点来看,既然由统计理论可以得出 $p=E/c$,那么再根据相对论方程就可得出光子的静止质量为零)。

就是这项工作使爱因斯坦本人相信了光量子是真实存在的。然而直到 1926 年,加利福尼亚的吉尔伯特·莱维斯根据伯克利的建议才提出"光子"的概念。在 1927 年以"电子和光子"为主题的第五次索尔菲研讨会开过之后,光子才成为一个科学术语。尽管早在 1917 年爱因斯坦就相信我们现在所称的光子的存在,然而看来现在才是引入这一概念的最佳时机。这比美国物理学家阿瑟·康普顿(Arthur Compton)获得关于光子的无可争议的、直接的实验证据要早六年。

从 1913 年起,康普顿就在从事 X 射线方面的工作。他在美国的几所大学工作过,也在英国的卡文迪什实验室工作过。通过 20 年代初期的一系列实验,他得到了如下结论:在某些方面只有将 X 射线看作粒子——光子,X 射线和电子相互作用的问题才能获得解释。关键的实验涉及 X 射线被电子散射的方式,或者用粒子的语言来描述就是,当光子和电子相互碰撞时它们相互作用的方式。当一个 X 射线光子与一个电子相碰撞时,电子获得能量和动量,并且以一定的角度离开。光子本身失去能量和动量,并以另一角度离开。这个过程可以通过粒子物理的简单定律来计算。这个碰撞就像一个运动着的台球碰到一个静止的球,动量也以同样的方式进行传递。然而光子的情形是,能量的丧失意味着辐射频率的改变,改变量 $h\nu$ 正等于传递给电子的能量。为了完整地解释这些实验结果,必须同时使用粒子和波这两种描述。当康普顿做实验时,光子与电子的相互作用过程与这个描述完全一致:散射角和波长的改变、电子的回弹都与将 X 射线视为具有能量 $h\nu$ 的粒子的思想符合得非常之好。这个过程现在被称为"康普顿效应"。康普顿于 1927 年因这项工作①而荣获诺贝尔奖。1923 年后，光子可以像粒子一样传递能量和动量的概念建立起来了（尽管玻尔曾一度努力寻求康普顿效应的另一种解释。他当时并没有立即意识到在一个关于光的理论中应该包括粒子和波这两种描述。在他的原子模型里面，他认为粒子理论和波动理论是相对立的）。而关于光的波动特性的所有证据也都保留了下来。这正如爱因斯坦在 1924 年所说的："现在有两种关于光的理论，两者都必不可少……但其间没有任何逻辑关系。"

这两种理论之间的联系在紧接着的、令人兴奋的几年中构成了量子力学发展的基础，在不同的前沿同时取得了进展。然而新思想和新发现出现的次序与建立新物理学所需要的次序并不完全一致。为了讲一个相关的故事，我们不得不以这样一种方式去说明，这个说明比当时科学本身的发展更有次序。尽管在某些概念被人们所理解之前，量子力学的理论已经开始发展，进行说明的方式之一就是在描述量子力学本身之前，先铺设相关概念的基础。即使是到了量子力学已经开始成形的时候，波粒二象性的完整含义还没有为人们所理解，但是只要从逻辑上来描述量子理论，那么发现光的二象性之后的下一步就必定是发现物质的二象性。

波粒二象性

这个发现起源于一个法国贵族——路易斯·德布罗意的建议。

---

① 理论家德拜几乎是在同时独立地计算了"康普顿效应"，并且写了一篇文章。在文章中建议了一个用以检验这个思想的实验。当他的文章发表出来后，康普顿已经做了这项实验。

这个建议听起来是如此简单，然而它却触及了问题的核心。德布罗意在沉思一个问题："如果光波也具有类似粒子的行为，那么电子的行为为什么不能与波类似呢？"如果他就此止步，那么他当然就不会作为量子理论奠基人之一而被世人所牢记，更不会在1929年获得诺贝尔奖。作为一种毫无根据的推测，这种思想并说明不了太多。因为早在康普顿的工作很久以前，就出现过关于X射线的类似的推测。至少是早在1912年，伟大的物理学家布格（另一位诺贝尔奖获得者）在谈及X射线物理学当时的状态时说道："在我看来，问题不在于要从X射线的两种理论中作出选择，而是要去发现……一种包含这两者的理论。"① 德布罗意的伟大成就在于提出了波粒二象性的思想，从数学上描述了物质波应该具有哪些行为，并对如何才可能观察到物质波提出了建议。他有一个很大的便利条件：作为理论物理界一位相对资浅的成员，他有一位兄长般的同事，名叫摩利斯，他是一位德高望重的实验学家，也就是他将德布罗意引向这个发现。德布罗意后来说，在谈话中摩利斯曾向他强调过"粒子和波这两个方面的不可否认性和重要性"这个思想出现的时机已经成熟。在这个时候，一种概念上的简单直觉就能够改变理论物理学的现状。德布罗意生活在这样的一个时代，他是幸运的。当然在这一直觉的飞跃方面，他做出了最大的贡献。

德布罗意生于1892年。按照家庭传统，他本应该在城市服务行业中谋求一个职业。但是当他在1910年进入巴黎大学时，他心中产生了对科学，特别是对量子力学的浓厚兴趣。他的哥哥（比他大17岁）在1908年就获得了博士学位。他是1911年第一届索

①　该引言出自德布罗意和布拉格的书信，参见麦克斯·詹默的《量子力学概念的发展》一书。

尔菲研讨会的科学秘书之一，他向德布罗意传递过一些信息。然而两年以后也就是在 1913 年，德布罗意的物理学生涯便被义务兵服役所打断。服役本应该是短期的，但由于第一次世界大战的爆发而延长到 1919 年。战后，德布罗意找回原来的头绪，回到量子理论的研究中，后来终于发现了波粒二象性理论。在 1923 年取得了突破，他在法语杂志《Comptes Rendus》上发表了三篇关于光量子性质的文章，并且用英文写了一个工作概述。这个概述发表在 1924 年 2 月的《哲学杂志》（Philosophical Magazine）上。这些短文并没有给人们留下很深的印象，但德布罗意立即着手理顺他的思想，使其成为完整的形式，并以此申请博士学位。他的答辩于 1924 年 11 月在索邦神学院（巴黎大学的前身）举行。他的论文发表在 1925 年初的《物理年报》上。就这样，他的基本研究逐渐清晰，并且成为 20 世纪 20 年代物理学的重大进展之一。

爱因斯坦曾经推导出了两个描述光量子的方程：

$$E = h\nu; \quad p = h\nu/c。$$

在论文中，德布罗意从这两个方程出发展开讨论。在这两个方程中，描述粒子特性的项（能量和动量）出现在左边；描述波动特性的项（频率）出现在右边。他指出，用来检测光是波还是粒子的所有实验之所以失败，必定是因为这两种特性无法摆脱的纠缠在一起——即使是想测定动量这一粒子特性，你也必须知道频率这一波的特性。然而这个二象性不仅适用于光子。当时认为除了以令人惊奇的方式占据原子中不同的能级之外，电子是比较好的、行为规则的粒子。但是德布罗意认识到这些仅仅存在于整数"轨道"中的电子看起来也具有某些波的特性。他在论文中写道："在物理学中涉及整数的唯一现象就是干涉和通常的振动模式。这个事实使我产生这样一个想法：不能简单地将电子视为粒子，还应该赋予它们周期性。"

　　"通常的振动模式"就是通常情况下琴弦的振动或者是管乐器中的声波。例如一根张紧的弦可能以如下方式振动：弦的两端被固定，而中部来回摆动。若按住弦的中点，则弦的两段将以同样的方式振动。整根弦中点处于静止——振动的这个高阶"模式"，它也相应于没有被按住的整根弦的一个音调较高的谐振。第一种模式的波长是第二种的两倍。假设弦的长度是波长的整数（1，2，3，4等等）倍，与振动弦相匹配的更高阶振动模式相应于更高的音调。只有某些频率的波与确定的弦相匹配。

　　在原子中，电子所处的状态只能与某些量子能级 1，2，3，4……相对应。这里的情形非常相似，不过在这里不是沿直线张紧的弦，而是原子中的一条"轨道"，可以认为这是把一根弦弯成了一个圆环。如果其周长是波长的整数倍，那么一个持续振动的波可以沿弦顺利地传播。如果波长与弦的长度之间不完全匹配，那么这波将是不稳定的，当它与自己相干扰而要逐渐耗散掉。蛇头必须始终咬住蛇尾，否则就会分散掉，这里的弦也是类似。原子中能级的量子化是否可作如下解释：一个能级相应一个以特定频率振动的电子波。事实上，像原子的所有物理图像一样，基于玻尔原子的很多类似想象，都与实际情况相差甚远，但它们对人们更好地理解量子世界却起到了帮助的作用。

电 子 波

　　德布罗意认为波是伴随着粒子的。他指出，像光子这样的粒子事实上是处于与它相伴随的波所引导的运动方向上。这是一个关于光的行为的完整的数学描述。这个描述在波和粒子的实验证据中得到了体现。德布罗意论文的审查者喜欢这个数学描述，但并不相信像电子这样的粒子会有相伴随的波。他们看不出这个提法有什么物理意义。他们仅仅把它看作一个数学游戏。但德布罗意并不同意。当一个审查者提问能否设计一个实验来检验物质波时，他说在晶格对电子的衍射中可能会观察到。这个实验就像光的衍射。不过在这里不是通过仅仅两条狭缝，而是通过一个狭缝的列阵。晶体中规则分布的原子之间的缝隙提供了能够衍射高频电子波（其波长与光相比，甚至与 X 射线相比都是较短的）的足够窄的狭缝列阵。

德布罗意知道应该寻找什么样的波长。因为结合爱因斯坦关于光粒子的两个方程就可获得非常简单的关系式 $p=h\nu/c$。这个式子我们已经遇到过。既然波长与频率通过 $\lambda=c/\nu$ 相关联，这就意味着 $p\lambda=h$，也就是说动量乘以波长等于普朗克常数。波长越小，相应粒子的动量就越大。因为电子质量较小，相应的动量较小，所以它成为最像波的粒子。就像是在光波或海面上波的情形一样，只有当波通过一个较其波长小得多的孔时衍射效应才能出现。对于电子波，这就意味着一个非常之小的孔，其大小相当于晶体中原子之间的缝隙。

德布罗意并不知道早在 1914 年人们用电子束去探索晶格结构时已经观察到电子衍射现象，而这个现象可以最好的说明电子的波动效应。在 1922 年到 1923 年期间，当德布罗意在整理他的思想时，两个美国物理学家——克林顿·戴维逊（Clinton Davisson）和他的同事查尔斯·昆斯曼（Charles Kunsman）——事实上已在研究电子被晶体所散射这一奇特的行为。德布罗意完全不知道这些情况，曾一度企图说服实验学家们去做一个实验来验证电子波假设。同时，德布罗意的论文导师保尔·朗之万已经给爱因斯坦送去一份副本。爱因斯坦并没有怎么吃惊。他认为这不仅仅是一个数学游戏或类似物，他意识到物质波必定真实存在。然后他依次将消息传给哥廷根（实验物理系所在地）的马克斯·玻恩和詹姆斯·弗朗克。弗朗克评论说戴维逊的实验已经证实了预期效应的存在。

像其他物理学家一样，戴维逊和昆斯曼曾认为散射效应是被电子所轰击的原子结构导致的，而不是电子自身的规律。玻尔的一个名叫沃尔特·艾尔撒瑟（Walter Elsasser）的学生在 1925 年发表了一篇短文，用电子波来解释这些实验结果。然而实验学家们并没有在意一个理论物理学家对他们的数据所进行的重新解释，特别是因为沃尔特·艾尔撒瑟不过是一个 21 岁的不出名的学生而已。到 1925 年，尽管已经存在实验证据，但物质波的概念仍旧是模糊的。直到薛定谔提出了原子结构的新理论时（这个理论包含德布罗意的思想，但又远远超出这个思想）实验学家们才感觉到迫切需要通过衍射实验来检测电子波假设。实验结果证明德布罗意的思想是完全正确的——电子就像波一样被晶格所衍射，这事发生在 1927 年。这个发现是在 1927 年分别被两个小组独立完成的。一个小组是美国的戴维逊和一名新的合作者李斯特·吉摩；另一个小组是英国的乔治·汤姆逊和研究生亚历山大·雷德。这两个小组分别使用了不同的技术。由于没有接受艾尔撒瑟的计算结果，戴维逊失去了独自荣耀的机会。由于他们各自在 1927 年的独立研究成果，戴维逊和汤姆逊分享了 1937 年的诺贝尔物理学奖。这在历史上是一个比较好的结局，即使是戴维逊也一定会感到欣慰。到这里量子理论的基本特性已被清晰地归纳了出来。

1906 年，J.J. 汤姆逊因为证明了电子是粒子而获诺贝尔奖；1937 年他又目睹了自己的儿子因为证明了电子是波而获诺贝尔奖。父子两个都是对的，两人都有充分的理由享受这种奖赏。电子既是粒子又是波。从 1928 年以后，德布罗意波粒二象性的实验证据接踵而至。其他粒子（包括质子和中子），也先后被发现具有波的特性，例如衍射。在 20 世纪 70 年代后期，以及 80 年代期间，托尼·克莱因（Tony Klein）和他的同事们在墨尔本大学重复了一系列"美丽的"经典实验。这些实验曾经在十九世纪确立了光的波动理论。不过这时他们所使用的不是光束，而是中子束。

与过去决裂

人们认识到不仅只有光子和电子，事实上所有的"粒子"和所有的"波"都是波和粒子的混合体。偏巧在我们的日常生活中粒子性成分在这个混合体中占了绝对优势。比如说一个滚动的球或一间房子就是这样。依据关系式 $p\lambda = h$，波的那一方面依然存在，尽管从总体上来说是很不足道的。在微观世界中，粒子和波这两个方面同等重要。其中的事物具有特殊的规律，这种规律用我们日常生活中的经验是无法理解的。不仅仅是玻尔的原子图像——电子的"轨道"上运动——不符合日常实际，所有的图像都是不符合日常实际的。原子中的规律在我们的常识中没有物理上的对应物。原子的行为只像原子，而不像其他。

阿瑟·爱丁顿先生在 1929 年出版的《物理世界的本质》一书中精辟地概述了当时的情况。他说："没有熟悉的概念适用于电子。"我们对原子的最好描述浓缩为"未知的事物正在从事未知的事情"。他解释道这"不像是一个特别有启发性的理论。我已经在别处读过类似的东西：这个怪玩意儿在摇摆中旋转，寻找着平衡。"

问题是尽管我们并不知道原子中的电子在干什么，但我们却知道电子的数目是重要的。只要增加几个，就会使毫无意义的转化为符合科学规律的。"氧原子周围有八个这种怪玩意儿在那里旋转并寻找平衡，而氮原子周围有七个……如果跑掉一个，那么氧原子的外层结构就恰好与氮相同"。

这并不是一个滑稽的评论。正如爱丁顿在 50 年前提出的，假如数目没有改变，那么物理学的所有基础将变成"毫无意义的"。如果在我们的头脑中打破原子和硬球、电子和小粒子的联系的话，那么我们并不会损失什么有意义的东西和令人信服的好处。电子的一个特性——自旋——的混乱状态清楚地说明了这一点。电子的自旋与小孩玩的旋转陀螺的行为，或者与地球的绕太阳旋转时绕自身轴旋转的行为毫无相似之处。

原子光谱学的疑难问题之一涉及谱线的分裂："本应该"是一条的，然而却分裂成紧靠在一起的多条。这个现象是简单的玻尔原子模型所不能解释的。因为每条谱线都相应于一个能态到另一个能态的转变，所以谱线的数目揭示出原子中的能级数——量子阶梯有多少台阶，以及台阶有多高。通过对谱线的研究，20 世纪 20 年代初的物理学家们对原子的多层结构提出了几种可能的解释。事实证明沃尔夫冈·泡利的解释是最合理的，它给予电子四个独立的量子数。这是在 1924 年，当时物理学家们仍然认为电子是粒子，他们企图利用我们日常生活中熟悉的概念来解释量子特性。玻尔的模型中已经包含了三个量子数：电子的角动量（它绕轨道运动的速度）、轨道的形状以及它的方位。第四个量子数伴随着电子的某些其他特性——一个只有两种变化的特性。这个特性可以用来说明观察到的谱线分裂现象。

人们并没有花费多长时间就理解了泡利关于第四个量子数的思想。这个量子数描述电子的自旋。可以认为自旋要么朝上要么朝下，它提供了一个很好的双值量子数。第一个提出这个思想的是一个年轻的物理学家，名叫拉尔夫·克朗尼克。当时他刚刚在哥伦比亚大学获得博士学位，正在欧洲访问。他提出电子具有一个内禀的自旋，其大小等于自然单位（$h/2\pi$）的一半。[1] 电子自旋要么平行，要么反平行于原子的磁场。让他吃惊的是，泡利强烈地反对这个思想。这主要是因为它与相对论框架下电子是粒子的思想不一致。就像根据经典电磁理论电子绕核旋转"应该"是不稳定的一样，根据相对论，一个作自旋运动的电子也"应该"是不稳定的。泡利的思想可能本应该再开放些，但结果是克朗尼克放弃了这个思想，他永远没有将它发表。然而就在不到一年之后，莱顿理论物理研究所的乔治·乌伦贝克和萨穆尔·戈德斯密特又提出了同样的思想。他们将这个建议发表在 1925 年下半年的德文杂志《*Die Natunwissenschaften*》上，后来又发表在 1926 年初的《自然》上。

电子自旋理论很快得到了提炼，并充分地用来解释令人头痛的谱线分裂问题。到 1926 年 3 月泡利也信服了。但是自旋是什么？如果你想用通常的语言来解释，那么这个概念就会像量子力学中的许多概念一样不告而别。例如在一种"解释"中，你可能被准确地告知电子自旋并不像小孩玩的陀螺，因为电子要转动两次才能回到出发点。下面又来了，一个电子波如何才能"旋转"呢？当 1932 年玻尔宣布电子自旋不能用经典实验例如电子束在磁场中的衍射来测量时，没有人比泡利更感愉快。只出现在量子相互作用中例如导致谱线的分裂，是自旋的一个特性，它没有经典意义。在 1920 年，如果泡利与其同事首先讨论的是电子的"涡旋"（gyre），而不是它的"自旋"（spin），那么对原子结构的理解就容易得多。

---

　① 事实上，在 1920 年阿瑟·康普顿已经推测出电子可能反向自旋。但是这个思想是在不同的背景下发表的，拉尔夫·克朗尼克并不知道。此处出现 2π 是因为一个完整的圆 360°具有 2π 弧度。基本单位 $h/2\pi$ 在今后通常记作$\hbar$。

哎呀！我们现在被自旋困住了。在量子物理中经典术语的废除不可能成功。从这里开始，如果你在一个不熟悉的背景中发现熟悉的词语，那么就尽量将其变成毫无意义的东西，然后再看一下是否可以减少一份担心。没有人"真正"理解原子中发生了什么，但是泡利的四个量子数却确实解释了一些非常关键的特性。

泡利和不相容原理

沃尔夫冈·泡利是发现量子理论的杰出科学家群体中最杰出的一位。他于1890年出生于维也纳，1918年进入慕尼黑大学，然而他却博得了早熟的数学家的声誉。他的一篇关于广义相对论的文章于1919年1月发表，并立即引起了爱因斯坦的兴趣。他从大学的课堂上、从理论物理研究所，以及从他自己的阅读中如饥似渴地吸收物理学知识。他在相对论方面的声誉是如此之高，以至于在1920年他受命为一部权威性的数学百科全书写一篇关于相对论的重要评述。这种权威性的文章由一个年仅20岁的学生执笔，这使得泡利的名字在科学圈子里成为家喻户晓。他的工作受到马克斯·玻恩等的高度评价。1921年他参加到哥廷根玻恩的小组，成为其助手。从哥廷根开始，他迅速地高升，首先到了汉堡，随后去了丹麦的玻尔研究所。但是玻恩并没有因为失去他而沮丧。新助手维尔纳·海森伯也是一位天才，他在量子理论的发展中起到了举足轻重的作用。[①]

其实在第四个量子数被命名为"自旋"之前，在1925年泡利

---

① 参见《玻恩—爱因斯坦书信》。在1921年2月12日的一封信中，玻恩说："泡利为百科全书写的论文显然是完成了，这篇文稿的分量据说是2.5千克，这应该是它的天才分量的某种象征。这个小伙子不仅聪明而且勤奋。"这个聪明的小伙子在1921年获得博士学位，随后便作为玻恩的助手短期轮班。

已经能够使用这四个量子数去解决玻尔原子的一个巨大的难题。在氢原子中，唯一的一个电子自然处于可能的最低能态，处在量子阶梯的底部。如果被激发例如被碰撞，它可能跳到梯子的更高一层，然后返回基态，同时发生一个量子辐射。如果系统中有多个电子，那么对于这种多电子原子来说，电子并不都是处于基态，而是沿着梯子的台阶向上分布。玻尔说电子处于核周围的"壳层"中，具有最小能量的"新"电子进入壳层直到填满为止，然后再填到下一壳层，依此类推。他用这种方法建立了元素周期表，并且解释了很多化学中的秘密。但是他并没有解释一个壳层如何才算是填满了或者说为什么填满了——为什么第一壳层只能容纳二个电子，但是第二个壳层却能容纳 8 个，如此等等。

玻尔的每一壳层相应于一套量子数。在 1925 年泡利除了认识到电子的第四个量子数之外，还认识到每一满层的电子数目恰好相应于这一壳层不同量子数的套数。他系统阐述了现在大家所熟知的泡利不相容原理：没有两个电子具有同一套量子数。借此他解释了质量越来越大的原子中电子填充壳层的方式。

不相容原理和电子自旋的发现确实是超前的。直到 20 世纪 20 年代后期新的物理学自身形成之后，它们才完全与新物理学相匹配。由于 1925 年至 1926 年间物理学近乎匆忙地进展，不相容原理的重要性有时也被看得过高。然而事实上，它是一个基本的、意义深远的相对性概念。它在物理学各分支学科中具有广泛的应用。事实证明，泡利不相容原理适用于所有具有半整数自旋的粒子，例如自旋为 $(1/2)\hbar$、$(3/2)\hbar$、$(5/2)\hbar$ 的粒子等等。那些根本没有自旋的粒子（例如光子），或者具有整数自旋（$\hbar$、$2\hbar$、$3\hbar$ 等等）的粒子具有完全不同的行为方式，符合不同的规则。具有半整数自旋的粒子所符合的规则是由费米和狄拉克于 1925 年和 1926 年得出的，称为费米—狄拉克统计。这种粒子随后便称为"费米子"。

具有整数自旋的粒子满足的规律由玻色和爱因斯坦给出，因而称为玻色——爱因斯坦统计，这种粒子随后便称为"玻色子"。

在 1924 年到 1925 年期间，玻色—爱因斯坦统计、德布罗意波、康普顿效应和电子自旋一起取得了令人兴奋的发展。它们标志着爱因斯坦对量子理论的最后的杰出贡献（事实上，是他的最后一项科学杰作）。这些发展也代表了与经典思想的彻底决裂。

萨廷德拉·玻色（Satyendra Bose）于 1894 年生于加尔各答。1924 年在新拿卡大学学习物理学。他学习了普朗克、爱因斯坦、玻尔和索米菲的工作，知道了普朗克定律的仍不完善的基础。他开始着手用一种新的方法推导黑体辐射定律。就像现在人们认为的一样，他从光以光子形式传播的假设出发，得到了一个符合一种特殊统计的、无质量粒子的定律。他给爱因斯坦寄去一份英文副本，征求爱因斯坦的同意，希望能在《Zeitschrift für Physik》上发表。爱因斯坦对此非常心动，以至于他亲自将它翻译成德文，并呈上一份强烈的推荐信，使玻色的论文在 1924 年 8 月得到了发表。玻色抛弃了经典理论的所有概念，从光量子——无质量的相对性粒子——和统计方法出发推导出了普朗克定律，从而最终使量子理论从它的经典祖先那里解放了出来。现在辐射被看作量子气体，统计中只涉及粒子数，不涉及频率。

爱因斯坦将这种统计方法作了推广，他认为气体或液体中的原子满足同样的规律。事实证明这种统计方法不适用于室温下的理想气体，但是它却能精确地说明超流氦的稀有特性。超流氦是一种冷却到接近绝对零度———$-273℃$——的液体。随着 1926 年费米—狄拉克统计的出台，物理学家们花费了不少的时间去寻找哪些规则适用于哪些系统，以及去理解半整数自旋的意义。

我们现在已经不关心其中的细微差别了，然而容易理解费米子和玻色子之间的区别是非常重要的。几年前，我去看喜剧演员斯巴克·密立根上演的一场戏。开幕之前，这位伟人亲自出现在舞台上，用不祥的眼光看了一下舞台边上的少数空位，这些座位是剧场中最贵的一部分。他说："现在已没有人再买这些座位了，你们可以往这边移，在这里我可以看见你们。"观众们接受了他的建议，每个人都往前移，舞台边上的座位全满了，少数空位留在了后面。我们的行动就像很好的费米子，每人占据一个座位（一个量子态），从最想要的"基态"开始占据座位，从舞台边开始往外。

我最近参加的一个布鲁意·斯普林斯丁音乐会，情况与这相反。在那里每个座位都是满的，但是在前排座位和舞台之间留有一条窄小的通道。当舞台灯光打开，乐队演奏出第一声和弦，全场的观众离开他们的座位，一浪推一浪地向前拥去，舞台前挤满了人。所有的"粒子"不可分辨地挤进同一个"能态"——这是玻色子和费米子的区别。费米子满足不相容原理，玻色子不满足。

我们所熟悉的"材料"粒子——电子、质子和中子——都是费米子。没有不相容原理，构成我们物理世界的各种化学元素和所有的特性都将不复存在。玻色子例如光子更加是神出鬼没的粒子，黑体定律是光子想进入同一能态的直接结果。在合适的条件下，氦原子能够模拟玻色子的特性，成为超流液体，这是因为每个 ^4He 原子包含两个质子和两个中子，它们的半整数自旋组合在一起恰好为零。在粒子间发生相互作用的过程中，费米子是守恒的——世界上的电子总数不会增加；然而玻色子，正如打开过电灯的人都知道的那样，可以被大量地制造出来。

下一步去何方

尽管在 20 世纪 80 年代，量子理论看起来是非常有条理的，然而直到 1925 年的时候它还非常凌乱。在前进过程中没有高速公路，很多物理学家都是在密林中各自辟出了一条小道。上层研究人员非常清楚这一切，他们公开表示了他们的关心。有一个例外，当第一次世界大战后新的一代物理学家进入研究领域后，物理学一下取得了突破性进展。这可能是新的一代容易接受新的思想的缘故。1924 年马克斯·玻恩评论到，在修正经典定律使其能解释原子特性方面"在这时刻只有少数不清晰的迹象"。在 1925 年出版的一本原子理论方面的教科书中，他许诺他将在第二卷中完成这项工作，然而他认为这第二卷"几年之内还不能写"。

早在 1923 年，海森伯企图计算氦原子的结构但遭到了失败，他对泡利评论道："好悲惨！"泡利在当年七月给索米菲的一封信中重复了这句话。他说："具有不止一个电子的原子……的理论，是如此的悲惨。"1925 年 5 月份，泡利在给克朗尼克的信中说，"现在的物理学又一次陷入了泥潭。"到 1925 年玻尔本人对其原子模型的很多问题也出现了类似的悲观情绪。这之后的 1926 年 6 月，威廉·维恩的黑体定律已经成为普朗克在黑暗中跃进的跳板。他就"整数和半整数量子不连续性的泥潭和经典理论的任意使用"给薛定谔写信。所有在量子理论中做出过巨大贡献的人都意识到了这些问题。到 1925 年除了一人之外其他伟人还都健在（昂利·彭加勒是唯一去世的；洛伦兹、普朗克、J. J. 汤姆逊、玻尔、爱因斯坦和玻恩依然很健康，而泡利、海森伯、狄拉克和其他人正开始出名）。到了 1925 年，爱因斯坦和玻尔这两位学术权威的科学观点已经表现出显著的不同。首先，玻尔是光量子的最强有力的反对者之一；随后爱因斯坦开始关心量子理论中概率的作用，这时玻尔成为这个问题的优胜者。统计方法（具有讽刺性的是，这种方法由爱因斯坦引入）成为量子理论的基石，但是早在 1920 年爱因斯坦写信给玻恩，"那件关于因果关系的事也给我带来很多麻烦……我必须承认……我缺乏认错的勇气。"爱因斯坦和玻恩之间就这个问题的对话持续了 35 年，直到爱因斯坦逝世。[①]

麦克斯·詹默在 1925 年年初对当时的情形作了如下描述："一个可悲的假设、原理、定理和计算方法的大杂烩。"[②] 量子物理中的每个问题都必须首先使用经典物理来"解决"，然后再明智地插入一些量子数。量子数的插入与其说是根据冷冰冰的原因，倒不如说是根据一些鼓舞人心的猜测。量子理论既不独立，在逻辑上也不一致，只是作为经典物理的一个寄生虫，没有根基的奇花存在。难怪玻恩认为在他能写《原子物理》第二卷（也就是最后一卷）之前至少需要几年的时间。然而，看起来与量子理论整个的奇怪故事保持一致，在 1925 年早期几个月的混乱日子之内，呈现在惊讶不已的科学共同体面前的不是一个，而是两个完整的、独立的、符合逻辑的、根基牢固的量子理论。

---

① 爱因斯坦在给玻恩的信中也表示了这些疑虑。这些书信后来以《玻恩—爱因斯坦书信》出版，这里引自麦克米伦编辑的版本第 23 页。

② 参见麦克斯·詹默《量子力学概念的发展》，第 196 页。

第 六 章

矩阵和波

维尔纳·海森伯于 1901 年 12 月 5 日出生于乌兹伯格。1920 年他进入慕尼黑大学，在阿诺德·索米菲（Arnold Sommerfeld）门下学习物理学。阿诺德·索米菲是当时与玻尔原子模型的发展密切相关的领头科学家之一。海森伯直接投入了量子理论的研究工作，接受的任务是寻找能解释谱线分裂的量子数。他在两个礼拜之内就找到了答案——整个谱线图样能够根据半整数量子数来解释。这个年轻的、没有任何成见的学生找到了问题的最简单的答案。但是他的同事们以及他的导师索米菲却忧心忡忡。对索米菲来说，在玻尔模型当中整数量子数是已经建立起来的教条。这个年轻学生的推测很快被宣布其无效。专家们当中存在的担心是，如果将半整数引入方程，那将意味着给 1/4 整数，然后是 1/8、1/16 整数打开大门，从而将玻尔量子理论的基础毁掉。然而他们错了。

就在几个月之内，更年长、更资深的物理学家阿尔弗雷德·兰德提出了同样的思想并发表了。后来的事实证明半整数量子数在整个量子理论中是非常重要的；在描述称为自旋的电子特性方面起着非常关键的作用。具有整数或零自旋的物质例如光子，满足玻色-爱因斯坦统计，然而那些具有半整数（1/2 或 1/3 等等）自旋的物质满足费米-狄拉克统计。电子的半整数自旋与原子结构和元素周期表直接相关。还有一个特点就是，量子数的改变量只能是整数，只能从 1/2 跳到 3/2，或者从 5/2 跳到 9/2。这就像从 1 跳到 2 或者从 7 跳到 12 一样合理。所以海森伯失去了享受提出量子理论新思想这一殊荣的机会。这件事情的要点在于在最初发展量子力学的前辈们面前的年轻人的处境，年轻人的思想曾经被"人人皆知"的就是必然正确的观念所束缚，所以 20 世纪 20 年代，受束缚的年轻人的思想向前迈出的时候又一次来到了。当然在随后几年的工作当中，海森伯为失去的一个小小的科学上的"第一"而得到了补偿。

　　海森伯在哥廷根（他曾在这里出席了著名的"玻尔节"）玻恩手下工作了一个学期之后回到了慕尼黑，并在 1923 年完成了他的博士论文，当时他还不满 22 岁。就在那时，海森伯的一个挚友、索米菲的一个以前的同样早熟的学生沃尔夫冈·泡利刚刚在哥廷根作为玻恩的助手轮完了班。在 1924 年，海森伯接任了这个职位。就是这项工作使他有机会能与哥本哈根的玻尔在一起工作几个月的时间。截止到 1925 年，这位早熟的数学物理学家已经比其他人武装了更多的知识，从而使他发现了符合逻辑的量子理论。所有物理学家都认为最终会找到这样一个理论，但谁也没想到会这么快就找到。

　　海森伯的重大突破建立在从哥廷根小组汲取的一个思想的基础上。人们现在说不清是谁最先提出这一思想的了。这个思想就是一个物理学理论只应该与实验上确实能够观察到的事物相联系。这个思想听起来是老调重弹，然而实际上却是具有深刻的洞察力。例如在"观察"原子中电子的实验中，我们并没有观察到绕核旋转的小硬球的轨道。而是来自谱线的证据告诉了我们当电子从一个能态跳到另一个能态时发生了什么（这里的能态用玻尔的话来说就是轨道）。电子和原子的所有可以观察到的特性都涉及两个态。与我们在日常生活中观察到的物质的运动方式相类似，轨道的概念与观察紧紧地联系在了一起。海森伯摒弃了日常生活中的类似物，依赖于数学去描述发生在原子或电子的两个状态之间的观察（描述的不是原子或电子的单个状态）。

黑利格兰德的突破

报道中经常说到海森伯 1925 年 5 月患上了严重的花粉热，来到黑利格兰德的一个多岩石的孤岛上疗养。就在这里，他忍着病痛，利用这段时间着手解释已知的一些量子行为。海森伯并没有精神涣散，他的病好了，又能集中精力研究这些问题了。在他的自传体著作《物理学及其发展》中，他描述到他的感情就像量子数一样有了着落，也描述了一天早上三点钟他是如何地"不能再怀疑数学的一致性以及量子力学和我的计算结果之间的相关性。我深深地感到有些震惊。我感觉到通过原子的表面现象，我正在注视着它的奇美的本质。这些数学结构的规律已经如此丰富地展现在我的面前，而我现在不可不去探索这一宝库，一想到这些我就感到有些眼花缭乱"。

回到哥廷根之后，海森伯花了三个礼拜的时间将他的工作理成一篇论文，并使其在形式上符合发表的要求。他给老朋友泡利寄去一个副本，问他是否认为这项工作有意义。泡利是热心的，虽然海森伯竭尽了全力，仍不能确保他的工作适合发表。他把这篇文章放到了一边，和玻恩一起去处理一些他认为合理的问题。在 1925 年他离开玻恩，到莱德和剑桥去作了一系列报告。具有讽刺意味的是，他并没有给听众介绍他的新工作，这些听众不得不等待通过其他途径获得信息。

玻恩很满意地将海森伯的文章交给了《Zeitschrift für Physik》，几乎就在同时他意识到了海森伯这个意外发现的实质性内容。这涉及一个原子两个态的数学不能用通常的数来处理，而只能用数的列阵来处理。海森伯将这类列阵视为表格。最好的类比就是棋盘（指国际象棋）。棋盘上有 64 个方格。在这种情况下，你可以用从 1 到 64 中的一个数来标志每一个方格。然而棋手们喜欢用 a，b，c，d，e，f，g 和 h 来标志棋盘中的"列"，而用 1，2，3，4，5，6，7，8 来标志"行"。现在，棋盘上的每一个方格可以用唯一的一对标志符来确定：a 1 为车的领地；g 2 为武士小卒的基地，如此等等。海森伯的表格像一张棋盘一样涉及数的二维列阵，因为他正在做涉及两个态及其相互作用的计算。那些计算涉及两个这样的数集或列阵的相乘。海森伯已经不辞劳苦地给出了进行这些计算的正确的数学技巧。然而他得到的是一个非常古怪的结果。这个结果是这么难以理解，以至于他没有将其发表。当两个列阵相乘时，得到的结果依赖于做乘法的次序。

这确实很奇怪。就像 2×3 不等于 3×2，或者以代数式的形式 a×b≠b×a。玻恩为这个奇怪的性质而日夜焦虑，他确信其背后肯定隐藏着某种基本的东西。忽然，他看到了曙光。海森伯花费了这么多的心血构造出来的数学列阵或数的表格原已被数学家们所熟知。关于这种数存在着一套完整的计算方法，这种数称为矩阵。玻恩在 20 世纪早期，当他还是一个学生时曾经学习过。因为矩阵有个基本特性——在将两个矩阵相乘时，所得到的结果依赖于将他们相乘的次序。用数学语言来说，矩阵不对易。难怪玻恩在二十多年以后还能记起这个模糊的数学分支。

正数代表白方，负数代表黑方。我们可以用诸如"小卒到皇

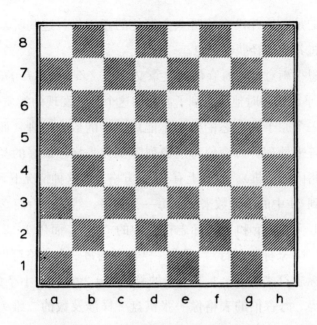

图 6.1　量子态表示如棋盘表示相似

国际象棋棋盘的每一块小方格，可以用一个字母数码对
表示，比如 b 4 或 f 7 来标志，量子力学的每个态也是用一个
数字对来确定的。

后四"或者用代数式 e 2—e 4 这两种方式来描述整个棋盘上状态的
改变。可以用连接一对状态（初态和终态）的类似的思想来描述
量子相变。在任何情形下，我们都不知道从一个状态到另一个状
态的相变是如何发生的。马的运动和车对王的保护足以说明这一
点。在与棋类所作的类比中，我们可以天真地认为棋盘上的最小
变化 e 2—e 3 相应于一个能量子 $h\nu$ 的输入，而 e 3—e 2 的改变相
应于一个能量子的释放。虽然这个类比是不确切的，但是可以使
人们看到可以用不同形式的思想来描述同样的事件。海森伯、狄
拉克和薛定谔发现了可以用不同形式的数字来描述同样的量子
事件。

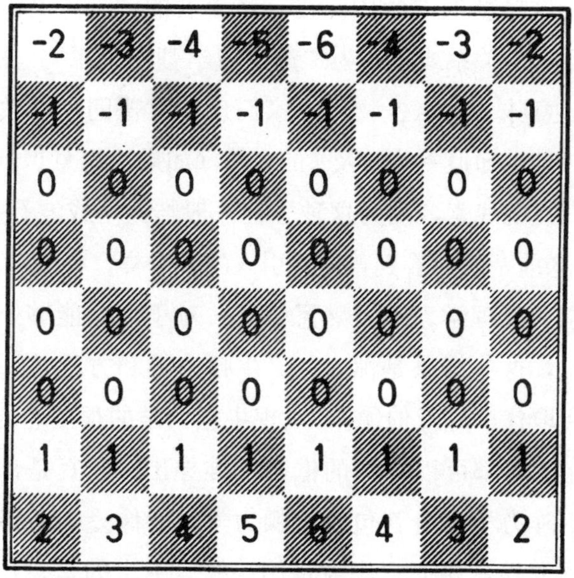

图 6.2 棋盘的表示方法

棋盘上每一方格的态由占据该方格的棋子来确定，在这
种标志法中，1 代表卒，2 代表车……

量子数学

1925 年夏，玻恩和帕斯卡·约当开始发展现在大家熟知的矩
阵力学。海森伯于 9 月份回到哥本哈根，通过书信的形式参与他们
的合作，一起写一篇关于量子力学的完整的学术论文。这篇文章
比海森伯的原始论文清晰、明了得多。这三位作者强调了量子力
学变量不对易的重要性。在与约当合写的文章中，玻恩已经发现
了关系式 $pq-qp=\hbar/i$，其中 p 和 q 是代表量子力学变量的矩阵，
它们代表量子世界中的动量和坐标。普朗克常数和 -1 的平方根 i

一起出现在这个新的方程中。在这篇著名的"三人文章"中，哥廷根小组把这个关系式强调为"量子力学基本关系"。然而这个关系在物理上意味着什么？物理学家们现在对普朗克常数已经非常熟悉了，并且也知道一些涉及 i 的方程（如果他们意识到的话，这将是一个潜在的线索，因为这种方程一般与振动或波有关）。就像在 1900 年老前辈们初看到普朗克引入的 h 一样，在 1925 年，绝大多数数学家和物理学家都不熟悉矩阵。对于那些能够处理这些数学的人类说，这些结果是惊人的。牛顿力学和方程被一些类似的矩阵方程所取代。海森伯说："发现牛顿力学的很多老的结果诸如能量守恒定律等都可以在新的框架下推导出来，真是奇怪。"[①] 换句话说，矩阵力学本身就包含牛顿力学，就像爱因斯坦相对论方程包含牛顿方程，并把它作为特例一样。不幸的是，几乎没有人能够理解这些数学，绝大多数物理学家也并没有马上就意识到海森伯和哥廷根小组取得了一项多么有意义的突破。然而有一个人例外，这个人在英国剑桥。

保罗·狄拉克生于 1902 年 8 月 8 日，他比海森伯小几个月。通常认为他是唯一一位可以和牛顿相提并论的英国理论物理学家。他发展了现在大家所熟悉的量子力学的最完整的形式。然而直到 1921 年从布里斯托尔大学毕业并获得一个工学学位之后，他才回到理论物理上来。他在工程界找不到职位，但却获得了在剑桥学习数学的奖学金。由于贫穷，他并没能全部上完他的课。他留在布里斯托尔和父母生活在一起，他用两年的时间学完了三年的数学课程。要感谢他的工学学位，他于 1923 年在应用数学方面完成了一个学士学位。现在，他终于可以回到剑桥，在科学和工业研究系基金的支持下从事研究。就是在他到了剑桥之后，他才第一

---

① 参见《物理和哲学》，第 41 页。

次学到了量子理论。

1925 年 7 月份在剑桥，狄拉克作为一个不出名的和没有经验的研究生听了海森伯的讲课。尽管那对海森伯并没有公开谈论他的新工作，但他却向狄拉克的导师拉尔夫·福勒提起过。在 8 月中旬，在《Zeitschrift für Physik》出版之前，他送给福勒一份这篇文章校样的副本。福勒将这篇文章给了狄拉克。从而狄拉克比哥廷根以外的人（海森伯的朋友泡利除外）更早的拥有了学习这个新理论的机会。在第一篇文章里面，尽管他指出了量子力学变量——矩阵——的不可对易性，然而海森伯并没有发展这个思想，而是在围绕这个问题说空话。当狄拉克认真钻研这些方程时，他很快就领会到 $a \times b \neq b \times a$ 这一简单事实的重要性。不像海森伯，狄拉克早就懂得这种类型的数学量的规律。在几个礼拜之内，他就能利用威廉·哈密顿在一个世纪以前发展的数学分支来重新推导海森伯的方程。最具有科学讽刺意味的是，哈密顿方程在 19 世纪得到发展主要是帮助计算像太阳系这样的系统中的物体的运动轨道（太阳系中拥有几颗相互作用的行星），在量子理论中已经废除了电子轨道的概念，然而事实却证明这些方程在新的量子理论中是非常有用的。

所以，狄拉克和哥廷根小组各自独立发现的量子力学方程与经典力学方程具有相同的数学结构。经典力学作为一个特例包含在量子力学里面，相应于大量子数或普朗克常数等于零的情况。沿着自己的方向，狄拉克为动力学发展了另一种数学表述。这种表述使用了一种特殊形式的代数，叫做量子代数。这种表述还涉及量子变量或"q 数"的加法和乘法。这些 q 数都是些怪物，因为在狄拉克发展的这套数学里面不能够说两个数 a 和 b 哪一个更大，在这个代数里面没有一个数比另一个数大或小的概念。然而，这个数学系统的规则与原子过程行为的观察结果符合得很好。事实上准确地说，量子代数本身包括矩阵力学，但是除此之外还有很多。

福勒马上就意识到狄拉克工作的重要性。在他的怂恿下，这篇文章于 1925 年 12 月发表在《皇家学会会议录》中。这篇文章除了其他内容之外，作为这一新理论的一个主要内容包括了几年前曾经困扰海森伯的半整数量子数。海森伯得到了狄拉克文章手稿的一个副本。他慷慨地赞扬道："我已经怀着极大的兴趣阅读了你的关于量子力学的异常优美的文章。毫无疑问你的结果是对的……（这篇文章）比我们在这里所想的更好、更精练。"在 1926 年上半年，狄拉克完成了四篇权威性的文章，装订成一本论文集的形式并以此获得博士学位。与此同时，泡利用矩阵方法正确地预测了氢原子的巴尔米序列。截止到 1925 年，大家已经非常清楚地看到，很多谱线分裂成双线的现象事实上可以用一个称之为电子自旋的新特性来很好地解释。这些碎片结合在一起复合得很好，矩阵力学不同倡导者所用的数学工具很显然正是同一现实的不同方面。①

棋的游戏可以再一次帮助我们把问题讲清楚。可以用各种不同的方式来描述棋的游戏并印在纸上。一种方法就是印一张象征性的棋盘，在这张棋盘上标明了所有棋子的位置。但是如果我们要记录整个游戏过程的话，那将浪费相当多的篇幅。另一种方法就是记录被移动了的棋子："国王的卒到国王的卒四"。这一移动还可以用最简单的代数符号描述为 "d 2—d 4"。这三种不同的描述提供了一个现实事件的同样的信息：卒从一个"态"到另一个"态"的变化。（就像在量子世界当中，我们对小卒从一个态到另

---

① 在的狄拉克版《量子力学原理》中，哈密顿方程中的一个关键表示被量子力学表达式（$ab-ba$）$/i\hbar$ 所代替，这正是玻恩、海森伯和约当称之为"量子力学基本关系"的另一种表示形式。三人文章在狄拉克的第一篇关于量子力学的文章之前写完，但是在狄拉克的文章之后发表。

一个态是如何改变的一无所知。如果你考虑马的运动将会更清楚。）量子力学的不同表述与此类似。狄拉克的量子代数在数学意义上是最优雅、最美的；玻恩和他的合作者尾随海森伯而发展起来的矩阵方法有些笨手笨脚，但却一点也不失效。[①]

当狄拉克努力使他的量子力学包含特殊的相对性时，他获得了最引人注目的早期结果。非常愉快地接受了光是粒子（光子）的思想后，狄拉克发现在他的方程里面，如果把时间也视为一个 q 数，他就能够"预测"出当原子发射一个光子时它必定出现一个反冲，就像光以粒子的形式携带着动量一样。他又继续发展了康普顿效应的量子力学解释。狄拉克的计算分为两个部分，首先数值处理涉及 q 数，其次对方程的解释利用了物理上可能观察到的现象。这个过程与"作计算"的过程看起来精确相符。这个过程给我们提供了一个观察到的事件——一个电子相变，但是不幸的是这个思想在 1926 年之后并没有继续坚持下去。1926 年物理学家们发现另一个数学工具——波动力学能够解决长期悬而未决的量子理论问题，从而放弃了量子代数。矩阵力学和量子代数的出发点是电子作为一个粒子从一个量子态到另一个量子态发生相变的图像。德布罗意认为电子和其他粒子都可以看作波。这个建议又将起到什么样的作用呢？

---

① 富有个性、坦诚、谦虚的狄拉克已经描绘出，一旦人们知道了正确的量子方程仅仅是将经典方程写成哈密顿的形式，那么取得进展将是非常容易的。处理量子理论中的任何一个小的困惑，所需要做的仅仅是建立起等价的经典方程，并将它们变成哈密顿形式，问题就解决了。"这是一个游戏，一个人们可以玩的非常有趣的游戏。只要你解决了一个小问题，你就可以写一篇小的文章。在那些日子里，任何二流的物理学家都可以容易地做出一流工作。从那时起再也没有过如此辉煌的时代。现在就连一流的物理学家也难以做出二流工作了。"参见《物理学的方向》第 7 页。

薛定谔的理论

当矩阵力学和量子代数在科学舞台上相对默默无闻地初次登场时，在量子理论领域还有大量的其他活动出现。看来欧洲科学界思想骚动、热血沸腾的时代到来了，在不同的地方同时迸发出不同的思想，各种理论的发现其时间上的次序和逻辑上的次序并不一定相符。很多思想是几乎同时被不同的人所发现，然而证明电子波动性的权威性实验尚未完成。完全独立于海森伯及其同事的工作，基于波动思想的另一个量子数学理论出现了。

这个思想是德布罗意提出的，但爱因斯坦在其中起了很大作用。德布罗意的这项工作要不是引起了爱因斯坦的注意的话，那很可能会在很多年之内含糊不清，而仅仅被看作是一个没有物理意义、但很有趣的数学技巧。是爱因斯坦将这个思想告诉玻恩，从而推动了验证电子波动性的实验工作的开展。薛定谔就是从爱因斯坦在 1925 年 2 月份发表的一篇论文里面读到了对德布罗意工作的评述："我相信这不仅仅是一个类比。"在那些日子里，物理学家们对爱因斯坦的每句话都非常留意，这位伟人的点头足以促使薛定谔开始探索德布罗意工作的表面价值。

在对量子理论工作出贡献的物理学家当中，薛定谔是位奇才，他生于 1887 年。当他完成对科学的最大贡献时年仅 39 岁，在这个年龄在独创性的科学工作上能有如此重大的贡献是非常引人注目的。他早在 1910 年就获得博士学位，从 1921 年开始就成为苏黎世的物理学教授、科学工作的栋梁、但却不是革命性新思想的显然的源泉。然而就像我们将要明白的，在 20 世纪 20 年代中期他对量子理论的贡献比我们对任何一位老一辈的物理学家所抱的期望值

还要大很多。当时哥廷根小组使量子理论越来越抽象，切断了它
与我们熟悉的物理思想之间的联系，狄拉克更是如此。薛定谔努
力恢复容易理解的物理概念，根据波来描述量子物理，而波是物
理世界中非常熟悉的概念。他与这些模糊不清的新思想以及电子
从一个态到另一个态的瞬时跳跃顽强抗争，直至生命的最后一刻。
他为物理学解释问题提供了一个无价的实用工具。然而在概念术
语中，他的波动力学后退了一步，退回到 19 世纪的思想。

德布罗意已经指出，根据他的思想，在原子核周围轨道中的
电子波必定赋予每条轨道一个关于波长的整数，所以在此之间的
轨道是被"禁止的"。薛定谔使用波动数学去计算在这种情况下允
许的能级，最初的结果令他感到失望，因为他的结果不符合已知
的原子谱线图样。事实上，他的技巧并没有什么错误，他最初失
败的唯一原因就在于没有考虑电子的自旋。这也没有什么令人吃
惊的，因为在 1925 年那个时代电子自旋的概念还没有出现。所以
他们就把这项工作搁在一边放了几个月，所以就失去了成为第一
个使用完整的、符合逻辑的、自洽的量子数学处理问题的人的机
会。当有人让他对德布罗意的工作给出一个综合解释时，他才又
回到这个思想。就在那时他发现如果从他的计算中舍去相对论效
应，那么其结果将与相对论效应不显著的情形下原子观测实验很
好地符合。就像狄拉克后来证明的，电子自旋是一个重要的相对
论特性（与我们在日常生活中遇到的与旋转物体相关的自旋有着
本质的区别）。于是薛定谔对于量子理论的巨大贡献于 1926 年以一
系列文章的形式，紧接着海森伯、玻恩、约当和狄拉克的文章
发表。

薛定谔量子方程和描述现实世界中真正的波，例如洋面上的
水波、空气中噪音的声波等的方程属于同一类。物理世界非常欢
迎它们，因为它们看起来是那样舒适和熟悉。这两种解决问题的

方法是不同的。海森伯故意抛弃了原子的图像而处理那些能被实验测量的量。然而他的理论核心为电子是粒子。薛定谔从一个清晰的物理图像——原子是一个"真正的"整体——出发。其理论核心为电子是波。两种方法都建立了能够精确描述量子世界中可测量事物行为的方程组。

乍看起来，有些令人惊讶。然而早在薛定谔之前，美国人卡尔·艾卡，然后是狄拉克就从数学上证明了这些不同的方程组事实上相互等价，是同一个数学问题的不同方法。薛定谔方程组既包括不对易关系，又包括关键的系数 $\hbar/i$。实际上它们以同样的方式出现在矩阵力学和量子代数当中，处理问题的不同方法而事实上在数学上相互等价这一发现使物理学家们信心大增。看起来似乎是这样，不管你喜欢使用哪种数学形式，当你处理量子理论的基本问题时，你都肯定会得到相同的"答案"。从数学上来说，在这个问题上，狄拉克的方法是最完整的，因为他的量子代数包括矩阵力学和波动力学，并将它们作为特例。然而，20 世纪 20 年代的物理学家们很自然地选择使用最熟悉的方程形式——薛定谔波动方程。这个方程可以用日常的术语来理解，并且这些方程与日常的物理问题——光学、流体动力学等等的方程比较相近。然而薛定谔理论的巨大成功可能使人们对量子世界的基本理解推迟了几十年。

一次退步

根据事后的看法，狄拉克没有发明波动力学有些令人吃惊，因为已经证明哈密顿发展的方程在量子力学中非常有用；在 19 世纪当人们企图融合光的波动论和粒子论时就有了这些方程的萌芽。

威廉·哈密顿 1805 年生于都柏林，很多人认为他是那个时代中最伟大的数学家。他的最大成就（尽管在当时并没有被认识到）在于在一个数学框架下实现了光学和动力学定律的统一化，可以用一方程组来描述波和粒子的运动这两个方面。这项工作发表于 19 世纪 20 年代后期和 30 年代早期，这两个方面都被其他人采用了。在 19 世纪后半叶对研究人员来说力学和光学都是有用的，但是很少有人注意到相耦合的力学——光学系统才是哈密顿真正关心的。哈密顿的工作清楚地表明，就像光"线"不得不被光波的概念所代替一样，在力学中粒子轨道不得不被运动的波所代替。然而这个思想对 19 世纪的物理学家来讲是如此的格格不入，以至于没有人——即使是哈密顿本人也不——能清楚地表述它。这个思想被拒绝并不是因为不合理和荒谬，而是因为它太离奇以至于没有人能理解它。这是十九世纪任何一位物理学家都不会得出的结论。直到事实证明用经典力学描述原子过程是远远不够的时候，这个思想才建立了起来。然而值得记住的是他也发明了一种数学形式，在其中 $a \times b \neq b \times a$。将哈密顿描述为一位被人忘却的量子力学创始人并没有什么夸张。如果那时他能健在的话，他将很快就看出矩阵力学和波动力学之间的联系。狄拉克本来可以这样做，但他却忽视了这个联系。这一点并不令人奇怪。他毕竟是一个刚刚进入研究领域的学生，一个人在几个礼拜之内能干的事是很有限的。然而，更重要的可能是他正在跟随海森伯处理抽象思想，企图使量子力学从电子绕原子核旋转这一通常的观念之中解放出来，而没有考虑去寻找一个好的、直观的原子图像。人们没有立即意识到波动力学本身并没有提供这样一个合适的图像，尽管薛定谔期望这样。

薛定谔认为通过将波引入量子理论，他已经排除了从一个态到另一个态的量子跳跃。他设想电子从一个能态到另一个能态的

"转变"有点像琴弦从一个调到另一个调的振动的改变（一个谐振到另一个谐振的改变）。他认为在他的方程中的波就是德布罗意所倡导的物质波。然而当其他研究人员企图找出方程中隐含的物理意义时，这些将经典物理推到中心地位的希望便烟消云散了。例如玻尔就被波的概念所困扰，一个波或者一套相互作用的波如何才能使盖革计数器计数，就像它记录下一个粒子那样？在原子中"波动着"的究竟是什么？更关键的是黑体辐射定律如何根据薛定谔的波来解释？所以玻尔于 1926 年邀请薛定谔到哥本哈根待一段时间，在那里他们处理了这些问题，得到了一些薛定谔并不太满意的答案。

首先，仔细研究表明，波本身就像狄拉克的 q 数一样抽象。数学上已经证明它们不可能像池塘中的水波一样是实在的波。但是它们却代表一个抽象数学空间——相空间——中的一种形式复杂的振动。更糟糕的是，一个粒子（例如一个电子）本身就需要三个维度。一个电子可以用三维相空间中的一个波动方程来描述，这样要描述两个电子就需要一个六维的相空间；描述三个电子需要九维的相空间，依此类推。对于黑体辐射，即使是将一切都转换成波动力学语言，也仍然需要离散的量子、量子跳跃。薛定谔对此感到非常讨厌。他的评述（在翻译时稍有些变化）经常被人引用："如果我早知道不能排除这个该死的量子跳跃，我决不会让自己介入这个问题。"就像海森伯在他的著作《物理和哲学》中指出的："……波动图像与粒子图像之间的二元论悖论还没有解决；它们隐藏在数学方案中。"

毫无疑问，原子核周围环绕着实际的物质波这一引人注目的图像是错误的。这个图像曾经促使薛定谔发现了现在以他的名字命名的波动方程。在认识原子世界方面，波动力学所提供的指导并没有矩阵力学所提供的多。然而与矩阵力学不同的是，波动力学给出了一些人们熟悉的、看上去舒适的"幻觉"。这个舒适的幻觉至今还被人们所坚持。这个幻觉使人们不喜欢这个事实：原子世界与我们的日常世界是完全不同的。几代学生——他们自己现在已经成长为教授——如果当初他们被迫钻研狄拉克方法的抽象规律，而不是仅仅企图用日常生活中的图像去解释原子的行为方式，那么他们对量子理论的理解肯定深刻得多。这就是为什么在我看来，尽管量子力学就像菜谱一样对很多有趣的问题非常实用，并且在这方面取得了巨大的进展，然而我们今天与五十多年以前，即20世纪20年代对量子物理基本问题的理解相比，并没有多少长进。作为一个实用的工具，薛定谔方程的巨大成功已经阻碍了人们对这个工具如何和为什么有效作深入的思考。

量子调制术

量子调制术的基本思想——20年代以来的实用量子物理——依赖于20年代后期玻尔和玻恩发展的思想。玻尔给我们提供了在量子世界中使波粒二象性相协调的哲学思想；玻恩给我们提供了量子方法需要遵循的基本规则。

玻尔说粒子物理和波动物理这两种理论图像是同样有效的，是对同一个现实的互补性描述。这两种描述中的任一种其自身都是不完整的，但是有些情况粒子概念更有效，有些情况波动概念更有效，一个基本的实物例如电子，既不是粒子也不是波，但是在有些情况下它的行为像波，在有些情况下它的行为像粒子。但是在任何情况下，你都不可能发明一种实验能证实电子同时既像粒子又像波。波动性和粒子性是电子复合特性中的两个互补的方面。这一思想称为互补律。

玻恩发现了薛定谔波的另一种解释方法。在薛定谔方程中，重要的东西是一个波函数，它与日常生活中大家熟悉的池塘中的波纹相对应，通常用希腊字母 Ψ 来表示，工作在哥廷根的实验物理学家身边——这些实验学家们几乎每天都在做证实电子是粒子的实验——尽管像当时绝大多数物理学家一样，发现波动方程在解决很多问题时是最方便的，但是玻恩怎么也接受不了相应于"真正"电子波的这个波函数。所以他企图寻找一种波函数和粒子相伴随的方式。他汲取的这个思想在关于光的性质的争论之前已经出现，但是现在他才接受这个思想并将其进一步提炼。玻恩说，粒子是真的；但是在某种意义上它们被波所引导，在空间中任一点波的强度（更精确地说，Ψ^2 的值）度量的是在那一个确定点发现粒子的概率。我们永远无法确切知道一个粒子例如一个电子在什么地方，但是当我们设计一个实验去确定电子的位置时，波函数使我们能够知道在某个确定点找到它的概率。这个思想的最奇怪之处就在于它意味着一个电子可能会处在任何地方，只不过它在某处出现的概率最大，在其他某个地方出现的概率最小。然而就像统计规律所说的，房子里面所有的空气都聚集在一个角落里也是可能的。所以玻恩对 Ψ 的解释从本来就不确定的量子世界中又排除了某些确定性。

玻尔和玻恩的思想与 1926 年后期海森伯的发现——不确定性是量子力学方程所固有的——很好地联系在一起。$pq \neq qp$ 这一数学表示也说明我们永远不能确定 p 和 q 到底是什么。例如说，如果我将 p 称为电子的动量，而用 q 标志它的位置，我们可以设想去很精确地测量 p 或者 q。因为数学家使用希腊字母 Δ 去标记小的变化量，所以在我们的测量中分别将误差记为 Δp 或者 Δq。海森伯告诉我们，如果你去尝试的话，你就会发现在这种情形下你永远不能非常精确地同时测量电子的位置和动量，因为 $\Delta p \times \Delta q$ 必须永远大于$\hbar$。$\hbar$为普朗克常数h除以2π。我们对物体的位置知道得越精确，那么对其动量就知道得越不确切。如果我们非常精确地知道它的动量，那么对于它在什么地方我们就知道得不确切。不确定关系具有深远的含义，这将在本书的第三部分中讨论。然而理解的关键是，在测量电子特性的实验中它并不表明出现故障。在原则上不能同时精确测量某些成对的特性，包括位置和动量，这是量子力学中最重要的规则之一。在量子水平上没有绝对的真理。[1]

海森伯测不准原理所测量的量是对电子，或其他基本实体的重叠的互补性描述，位置是粒子的重要特性——粒子能够精确定位。然而波没有精确的位置，但它们具有动量。你对波的特性知道得越多，对粒子的特性知道得就越少，反过来也一样。用来检验粒子的实验只能用来检验粒子，用来检验波的实验只能用来检验波。没有实验能够同时表明电子既像波又像粒子。

玻尔强调指出，实验对于理解量子世界是非常重要的。我们只能通过做实验来探索量子世界。在效果上，每个实验向量子世界询问一个问题。我们所问的问题带有浓厚的日常生活经验的色彩，所以我们寻找的是诸如"动量"和"波"这类特性，并且根据这些特性来解释所获得的"答案"。尽管我们知道经典物理对原子过程的描述是无效的，但是这些实验植根于经典物理。另外，玻尔指出，因为我们为了观察原子过程而不得不对它们产生干扰，所以询问当我们没有观察它们的时候，原子正在做什么是没有意义的。正如玻恩所解释的，我们能够知道的只有一个特定实验能

---

[1] 在日常生活中，同样的不确定关系也是适用的。但是因为p和q的值与$\hbar$相比，是如此之大，以至于相关的不确定量仅仅占等价宏观特性的微小份额。普朗克常数h大约为6.6×10^{-27}，π比3略大。所以换算过来，$\hbar$仅仅为10^{-27}。当小球在桌面上滚动的时候，通过跟踪，我们对小球位置和动量的测量可以达到我们想要的任意精度。通常，只有当方程中的数差不多等于或小于普朗克常数时，量子效应才成为重要的。

够得出一个特定结果的概率。

不确定性、互补性、概率、观察者对系统的扰动，这些思想汇集起来构成量子力学的"哥本哈根解释"，尽管在哥本哈根（或者其他地方）没有人提出用这么多的词来给"哥本哈根解释"下一个权威性定义，并且波函数统计解释中的一个关键要素实际上来源于哥廷根的马克斯·玻恩。哥本哈根解释，如果不是给予所有的人所需要的一切的话，那么也是给予很多人很多有用的东西。哥本哈根解释自身在量子力学怪玩意这一不确定的世界中存在着不确定性。在 1927 年 9 月份，玻尔首先公开提出这个概念，这标志着自洽量子理论的完成。任何胜任的物理学家都可以用这种形式的量子理论去解释涉及原子和分子的问题，而没有太多的必要去考虑这些基本原理，只需按照书上的方法得出结果。

在随后的几十年内，很多基本的贡献由狄拉克和泡利等人完成。这些新量子理论的先驱者们终于受到了诺贝尔委员会的赞赏，尽管奖金的分配按照委员会自己的奇怪逻辑来进行。海森伯于 1932 年获得诺贝尔奖，但是他为这个奖赏没有同时发给他的同事玻恩和约当而感到不安。玻恩为此痛苦了好多年，他经常评论说在他告诉海森伯之前，海森伯甚至不知道什么是矩阵。在 1953 年，玻恩在给爱因斯坦的信中说："在那些日子里，他实际上不知道什么是矩阵。是他收获了我们所有工作的所得，例如诺贝尔奖。"[①]薛定谔和狄拉克分享了 1933 年的物理学奖，但是泡利直到 1945 年才因为不相容原理的发现而获诺贝尔奖，玻恩最后在 1954 年因为

---

① 参见《玻恩—爱因斯坦书信》，第 203 页。

对量子力学的概率解释而获诺贝尔奖。[①]

　　然而所有这一切——20 世纪 30 年代的新发现、奖金的授予以及第二次世界大战后几十年内量子理论的新应用——都不应该隐瞒如下事实：目前，取得基本进展的年代已经结束了。我们或许正处在另一个基本进展年代的边缘，将通过抛弃哥本哈根解释和看起来舒适的、类似熟悉的薛定谔波动方程而取得新进展。然而在我们察看那些戏剧性概率之前，首先说清楚在 20 世纪 20 年代结束之前这个理论已经取得了哪些进展也是合理的。

---

　　① 这之后，照他自己的说法（公正地说，也是其他人的说法），在《玻恩—爱因斯坦书信》中，他回忆道（第 229 页）："1932 年没能与海森伯一起获诺贝尔奖这件事在当时对我伤害很大，尽管收到了海森伯的一封友好的信。"他解释说他获奖时间推后的原因是爱因斯坦、薛定谔、普朗克和德布罗意对这个思想的反对。这当然并不是说诺贝尔委员会应该轻易地驳回这个反对。他参考了"哥本哈根学派，我的几乎所有思想又起源于这个学派。"这意味着哥本哈根解释含有统计的思想。这些不仅仅是一位老人的顽固的评论，而是具有实质性的基础。在量子力学业内的每一个人都为玻恩的贡献终于被人们所认可而高兴。在这一点上没有人能超过海森伯。他后来对密哈罗评论说："当玻恩获得诺贝尔奖时我如释重负。"

第七章

用量子进行调制

为了使用量子菜谱中的方法，物理学家需要知道几件简单的事情。没有模型能说清楚原子或基本粒子到底像什么，没有什么东西能告诉我们在没有进行观察的时候正在发生着什么。但是波动力学方程（在这方面最流行、使用最多的方法）可以在统计的意义上进行预测。如果我们对量子系统进行一次观察，通过测量得到答案 A，那么量子方程将告诉我们过一会儿再作同样观察的话，得到答案 B（或 C、D 等）的概率。量子理论并没有说原子是什么样子的，或者当我们没有进行观察的时候它们正在做什么。不幸的是，今天使用波动方程的多数人并没有理解这一点，而对于概率的地位只是在口头上强调。学生们的状态正如泰德·巴斯丁所描绘的："在 20 世纪后期形成的思想非常流行……一般的物理学家从来没有真正问过自己对量子基本问题到底相信什么，而只是能够用这个理论来解决具体问题。"① 他们学会了将波视为真实的，他们当中很少有人不脱开想象中的原子图案而能够通过一门量子理论的课程。人们是在没有真正理解概率解释的情况下而使

---

① 参见《量子理论及量子理论之外》，第 1 页。

用它。在没有搞清这些方法为什么如此有效的情况下就能使用量子理论，这正说明了薛定谔和狄拉克发展的方程以及玻恩提供的解释是多么的有力！

第一个量子厨师是狄拉克。正因为他是哥廷根之外第一个理解和进一步发展新的矩阵力学的人，所以他能够处理薛定谔波动力学，且在更安全的基础上将其进一步发展。在推广这些方程使其符合相对论要求的过程中，增加时间作为第四个维数。在1928年狄拉克发现不得不引入代表电子自旋的一项，没想到这一项为困扰理论学家十来年的谱线分裂现象提供了解释。这些方程也得到了另外一个意想不到的结果，为现代粒子物理的发展打开了大门。

反 物 质

根据爱因斯坦方程，质量为 m，动量为 p 的粒子的能量为

$$E^2 = m^2 c^4 + p^2 c^2。$$

当动量为零时，就简化为著名的关系式 $E = mc^2$。但事情并不这么简单。因为这一更熟悉的方程是通过对整个方程取平方根得到的，从数学上来讲，E 既可以是正的，也可以是负的，就像 $2 \times 2 = 4$，$(-2) \times (-2) = 4$ 一样。严格地说，应该是 $E = \pm mc^2$。当方程中出现这种"负根"时，我们一般都把它看作没有意义而舍去。很"显然"我们只对正根结果感兴趣。作为一个天才的狄拉克，却没有采取这种很显然的做法，而是为其中的含义而深感困惑。在相对论量子力学中计算能级时，有两套结果，一套全是正的，相应于 mc^2；另一套全是负的，相应于 $-mc^2$。据理论分析，电子应该落入最低的未占满能级。最高的负能级也要比最低的正能级低，所以负能级到底意味着什么，为什么不是所有的电子都落入其中而消失？

狄拉克的答案基于电子是费米子这一事实。一个可能的状态只能容纳一个电子（每个能级有两种状态，每种状态具有一个自旋）。他解释道，电子没有落入这些能级是因为这些能级是全满的。所谓的"真空"实际上是负能电子海。他并没有就此止步。如果给一个电子赋予新量，那么它将跳上能级的梯子。所以，如果我们对负能海中的电子赋予足够的能量，它理应跳到真实世界中来成为看得见的普通电子。从能级 $-mc^2$ 到能级 $+mc^2$ 显然需要输入一个 $2mc^2$ 的能量。对于一个电子的质量来说，这大约是1MeV。在原子变化过程或者粒子相互碰撞的过程中这个能量是容易提供的。当负能电子跳到真实世界中以后，它各方面的特性将与正常电子一样。同时在负能海中，将由于失去了带负电的电子而留下一个空穴。狄拉克说，这个空穴的行为类似于一个带正电的粒子（就像负负得正一样，在负能海中缺少了负电粒子就应该显示出正电性）。当他最初想到这个思想的时候，由于对称性，他认为这个带正电的粒子应该具有与电子相同的质量。然而在发表这个思想时，他指出正电粒子可能是质子。在 20 世纪 20 年代后期所知道的唯一一种其他粒子就是质子。正如他在《物理学的方向》一书中所描绘的，这是完全错误的。他本应该有勇气预言在实验上将会发现一种未知粒子，这种粒子与电子质量相同，但电性相反。

对于如何看待狄拉克的工作，最初没有人能够有确切的把握。尽管电子的正对应物是质子这一思想被抛弃了，但是直到美国物理学家卡尔·安德森在 1932 年的宇宙射线开拓性观测中发现了正电粒子的轨迹之后，人们才开始认真地看待这个思想。宇宙射线是从外层空间到达地球的高能粒子。在第一次世界大战之前，奥地利的维克托·赫斯已经发现了宇宙射线。所以他和安德森分享了 1936 年的诺贝尔奖。安德森的实验涉及跟踪带电粒子，当粒子经过云室时会留下尾迹，就像飞机的雾化尾迹一样。他发现一些粒子的轨迹在磁场中发生偏转的量与电子相同，但方向相反。它们只能是与电子具有相同质量但电性为正的粒子，它们被命名为"正电子"。在狄拉克获得诺贝尔奖之后三年即 1936 年，安德森因为这个发现也获得了诺贝尔奖。这个发现改变了物理学家对粒子世界的观点。很长时期以来，他们一直猜想在原子中存在着中性粒子即中子，这已被 1932 年詹姆斯·查德威克（James Chadwick）的发现所证实（他于 1935 年因为这个发现而获诺贝尔奖）。原子核由带正电的质子和电中性的中子所构成，同时被带负电的电子所环绕。这一思想使物理学家们感到很满意。但在这个图像中并没有正电子的位置，同时粒子可以产生于能量的观点彻底改变了基本粒子的概念。

原则上，任何粒子都可以通过狄拉克过程产生出来。这个过程总是伴随着它的反物质——负能海中的"空穴"——的产生。尽管今天的物理学家们希望出现更丰富的粒子产生图像，但基本规则还是一样。非常关键的一条规则就是当一个粒子遇到它的反粒子时，就"落入空穴"，释放出 $2mc^2$ 的能量，然后消失。与其说是像一股烟，不如说是像一阵 γ 射线。在 1932 年之前，许多物理学家就在云室中观察到粒子轨迹，其中许多肯定是由于正电子而导致的。但是在安德森的工作之前，这种轨迹被解释成为电子进入原子核的运动所造成的，而不是解释成向外运动的正电子所造成的。物理学家们对新粒子的思想怀有偏见。现在的情况反过来了。狄拉克说："无论是在理论上还是在实验上，只要有最轻微的证据，人们就非常希望能预言一种新的粒子。"[1] 结果是在粒子"动物园"中不再像 20 世纪 20 年代所知道的那样只有两种基本粒子，而是有 200 多种。所有这些基本粒子都可以在粒子加速器中通

———————————

[1] 参见《物理学的方向》，第 18 页

过提供足够高的能量产生出来，并且其中的绝大多数都是高度不稳定的，非常迅速地"衰变"为其他粒子束或辐射。在那个"动物园"中，50年代中期发现的反质子和反中子差点给丢掉了，尽管它们充分证实了早期的狄拉克思想。

所有的书都在讲述粒子动物园，许多物理学家已经从事了粒子分析这一专业。然而在我看来，虽然发现的粒子种类非常丰富，但一些非常基本的问题还没有解决。现在的情况非常像量子理论之前的光谱学。当光谱学家们能够测量，并且能够对不同的谱线关系进行分类时，他们对观察到的这些关系背后的原因却一无所知。真正基本的东西应该能够提供粒子产生的基本规则，这是在20世纪50年代爱因斯坦对他的传记作家亚伯拉罕·派斯表述的观点。"很显然，他（爱因斯坦——译注）认为考虑这些事情的时间还没有成熟，这些粒子最终将作为统一场论方程的解而出现。"[①]30年过去了，看来爱因斯坦是对的。描述粒子动物园的一种可能的理论草案将在跋中给出。这里，需要指出的是20世纪40年代以来粒子物理的爆炸式发展植根于狄拉克对量子理论的发展，即量子菜谱中的第一种方法。

原子核的内部

用量子力学解释原子的行为取得巨大胜利之后，物理学家们很自然地将他们的注意力转移到了核物理。尽管已取得了许多实际的成功（包括在三里岛上的反应堆和氢弹），但是我们对原子核行为的理解，还没有像原子的行为那样清楚。原子核的半径比原

① 参见《难以琢磨的上帝》，第8页。

子小 100，000 倍，而体积正比于半径的立方，所以原子比原子核大一千万亿（10^{15}）倍。像核的质量和电荷之类的量能够进行测量，这些测量导致了同位素的概念。同位素之间具有相同数目的质子，因而具有相同数目的电子（以及相同的化学性质），但中子数不同，所以质量不同。

挤在核中的质子带有正电，它们之间必然相互排斥，所以必定存在着更强的"胶水"把它们黏合在一起。这种胶水是一种只在原子核大小的短程内有效的力，称为强核力（也存在弱核力，它比电力要弱，但在某些核反应中非常重要）。看起来中子在原子核的稳定性方面也起一定的作用，因为只要数一下稳定核中的质子数和中子数，物理学家们就可以提出一个类似于电子绕核旋转的壳层图像。在自然存在的原子核中所发现的最大质子数是 92，是在铀中发现的。尽管物理学家们已成功地生产出具有 106 个质子的核，然而它们是不稳定的（钚的某些同位素除外，其原子序数为 94），将裂变成其他的核。现在已知的稳定核总共约有 260 种。甚至今天，我们对那些核的认识，较之玻尔模型对原子的描述还要差得多，但是对核中的某些结构，我们已获得了一些清晰的迹象。

那些核子（中子与质子）数为 2，8，20，28，50，82 和 126 的核特别稳定，相应的元素比其他含有不同核子数的元素其性质要丰富得多，所以这些数有时被称为"幻数"。但是质子决定原子核的结构，对每种元素只有有限的中子数不同的同位素——可能的中子数通常比质子数略大，元素越重中子数超过质子数越多。那些质子数和中子数都是幻数的核特别地稳定，在这个基础上理论学家们预言具有 114 个质子和 184 个中子的超重元素应该是稳定的。但是这些大质量的核在自然界中从来没有发现过，在粒子加速器中通过往自然存在的质量最大的核上挤压核子的方式也从来没能合成成功过。

最稳定是核是铁-56，略轻一点的核倾向于获得核子成为铁，略重一点的核倾向于失去核子变成最稳定的形式。在星体内部，最轻的核为氢和氦。在将轻核变成重核的一系列核反应中，可沿着生成铁的方式将氢和氦聚变成碳和氧，同时释放出能量。当一些星迅速地发展成为超新星时，大量的引力能输入这个核过程。这些能量将推动聚合反应，生成像铀和环之类比铁重的重元素。当重元素返回最稳定的组合时，通过释放 α 粒子、电子、正电子或个别中子的方式释放能量，这主要是超新星长期爆炸过程中储存的能量。α 粒子是氦原子的核，包括两个质子和两个中子。通过释放这样的粒子，原子核的质量减少四个单位，原子序数减小 2。这个过程符合量子力学规则和海森伯发现的测不准原理。

核子被很强的核力吸拢在核内，但是如果一个 α 粒子刚好位于核外，那么它将受到很强的电场排斥力。这两个力的联合效应构成物理学家们所称的"势阱"。想象一个火山的断面图，两边是平缓的斜坡，中间是火山口。放置在火山口边缘之外的小球将沿斜坡滚下山去；而放置在火山口边缘之内的小球将落入火山的中心。核内的核子有些类似——它们位于原子中心势阱的内部。如果它们能够刚刚越过"边缘"——即使是一点点——它们也会在电场力的推动下"滚下去"。潜在的困难的是，根据经典力学，核子或核子群例如 α 粒子并不具有足够的能量去爬出势阱或者越过边缘——如果它们能够的话，那么它最初一定不在势阱里面。然而量子力学对这个问题具有不同的看法。尽管势阱提供了一个势垒，但它不是不可逾越的。存在着有限的、较小的概率使 α 粒子出现在核的外面，而不是内部。根据测不准原理，也就是海森伯能量与时间的关系式，在确定的时间间隔 Δt 之内，任何粒子的能量只能在一个 ΔE 范围之内是确定的，以至于 $\Delta E \times \Delta t$ 要大于 $\hbar$。对于一个很短的时间，粒子可以从测不准原理"借"能量，从而在将能量归还之前拥有足够的能量越过势垒。当它回到"合适的"能态时，它刚刚位于势垒的外边而不是里边，于是迅速离去。

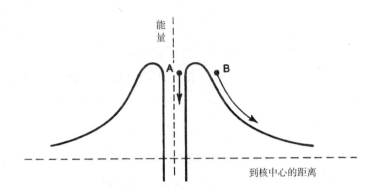

图 7.1　原子核心的势阱

位于 A 的粒子只能待在井内，除非它获得足够的能量"跃过顶端"而到达 B，一旦到达 B 它将直接"下山"而去，量子不确定性偶尔使粒子能通过"隧道"由 A 到达 B（或由 B 到达 A），而无须它自己拥有足够的能量去"爬坡"。

或者你可以根据位置不确定性来看这个问题。一个"属于"势阱里面的粒子也可能会出现在势垒外面。因为在量子力学中它的位置仅仅是模糊地确定的。粒子的能量越大，它就越容易跑掉，但它不是必需的像在经典力学中要求的那样——需要具有爬出势阱的足够的能量。这个过程就像是粒子穿过了势垒，这纯粹是一种量子效应。[1] 这是放射性衰变的基础。但是为了解释核裂变，我

————————

① 当核子聚合在一起时这个过程正好反起来。当两个轻核被星体内部的压力压在一起时，只有当它们克服来自外部的势垒后才能熔合。在那种情况下每个核子所拥有的能量依赖于星体中心处的温度。在 20 世纪 20 年代天文物理学家们迷惑地发现太阳内部的计算温度低于它应具有的温度——根据经典力学，太阳中心的核子不具有克服势垒并且聚合在一起所需要的足够能量。而答案是，在一个略低的能量值一些核子发生了隧穿。这与量子力学的规则相符。另外量子理论能够解释太阳为什么会发光，而经典理论则不能。

们不得不改用其他的核模型。

不考虑壳层中的个别核子在那时的行为，而将核看作是一个液滴。就像一滴水，在改变其形状时会颤动。核子的一些集体效应可以解释为由于核形状的改变所导致的。一个大的核，当将它的形状从球形改变到哑铃形或者变回去时，作时进时出的颤动。如果给这样一个核赋予能量，那么其振荡将非常剧烈，以至于将核分裂成两个：劈裂成两个小一点的核和一些微小的液滴——α粒子、β粒子和中子。对于有些核，这种劈裂能够由一个快速运动的中子和核的碰撞来触发。如果以这种方式进行的每次核裂变都能产生足够的中子，以确保在它的邻域至少有两个核子也发生裂变，那么将发生一个链式反应。铀-235含有92个质子和143个中子，它总是裂变成两个不同的核以及三个散射的中子，这两个核的原子序数的范围从34到58，其和等于92。每次裂变大约释放200 MeV的能量。假设铀堆足够大，以至于中子都逃不出去，那么一次裂变可以带动更多的裂变，这就是原子弹爆炸的过程。通过使用吸收中子的材料进行调节，使过程放慢，这样我们就获得一个受控核裂变反应器。它可以给水加热使成变成蒸汽来发电。再次说明，我们的能量是星体发生爆炸时储存的能量，来自很久以前遥远的地方。

然而在聚变过程中，我们可以在地球上模拟太阳这类星体产生能量的过程。到目前为止，我们仅能复制聚变梯子的第一步，即从氢到氦。我们还不能控制这个反应，只能让它在氢弹聚变过程中失去控制。与使一个大核产生裂变不一样，你必须设法使子核克服正电荷间的静电排斥力而紧紧地靠在一起，直到强核力（作用力程非常短）超过静电力而把它们压在一起。一旦你使少数核子以这种方式聚合，在这过程中产生的热量将倾向于聚变点的其他核子吹开，从而立即终止整个过程。[①] 将来可能会利用核聚变产生的无限能量。这一希望的实现有赖于要找到一种方法，可以使足够多的核子在一个地方聚集足够长的时间，以抽取出一定的能量。首先找到一个过程——它所释放的能量比我们用于将核聚集在一起所需的能量要多——是非常重要的。这在氢弹中是容易满足的。主要过程是，你首先用铀把你想要聚合的核包围起来，然后触发铀使其发生裂变爆炸。来自周围的爆炸的向内的压力将足以使足够的氢核相接触，从而启动第二次、也是更壮观的聚变爆炸。但是对于民用发电站来说，还需要一些更巧妙的东西。现在正在探索的技术包括使用强的具有特定形状的磁场，这个磁场的作用就像容纳带电的核的瓶子，以及使用激光束脉冲实实在在地将核压在一起。当然，激光器是根据量子菜谱中的另一种方法制造出来的。

激光器和受激辐射微波放大器

虽然大厨师狄拉克在负责发现使用量子调制术制作粒子的方法，但是对核过程的理解还没有对玻尔原子模型的理解那么完整。所以当发现玻尔模型还有其用武之地时，也没有必要太吃惊。近代科学中最奇怪和最令人兴奋的发展就是激光器的出现。对此，任何一个曾听说过玻尔模型的、胜任的量子厨师都可以理解，并

---

① 从聚变获取能量的方法之一是融合氢的两种同位素：其一是氘，它含有一个质子和一个中子；另一种是氚，它具有一个质子和两个中子。结果得到氦核（2个质子和2个中子）和一个自由中子，以及17.6MeV的能量。星体的作用过程更加复杂。这些过程涉及氢核和存在于星体中的少量的碳核之间的核反应。这种反应的效果是将四个质子聚合到一个氦核里面，同时释放出两个电子和26.7MeV的能量。其中的碳将进入循环参与下一轮反应。这个涉及氘和氚的过程，在地球上的聚变实验室中正在研究。

不需要伟大的天才去解释（在这种情形，天才来自它们的制造技术，那是另一个问题）。所以，首先要向海森伯、玻恩、约当、狄拉克以及薛定谔表示歉意，我们要姑且离开量子力学的微妙问题，回到电子绕核旋转的、简洁的原子模型。还记得当原子获得一个能量子时，电子将跳上一个不同的轨道，根据这个图像当这种激发态原子被搁置一边时，电子迟早要落回基态，辐射出一个具有有限小波长的光子。这个过程叫做自发辐射，是吸收的对应过程。

当爱因斯坦在 1916 年探索这个过程时，他将量子理论建立在统计规则之上，但后来发现这是不相容的。他意识到存在另外一种可能性。一个激发态原子受到一个过路光子触发后可能会释放出额外的能量，从而返回基态。这个过程叫做受激辐射。只有当过路光子与这个原子将要辐射的光子具有相同的波长时，这个过程才会发生。与链式裂变反应中的中子串很类似。我们可以想象，当一个具有合适波长的光子经过一系列激发态原子时，一个激发态原子受触发而辐射出一个同样的光子。原始的光子和新辐射出的光子将进一步触发另外两个原子使其辐射，然后这四个光子再触发四个原子，依此类推。结果是一连串的辐射，所有的频率都精确相等。而且，因为辐射是由触发引起的，所有波的步调皆精确一致。所有的波峰都一齐向"上"，所有的波谷都一齐向"下"，产生出非常纯的所谓相干辐射束。因为在这种辐射中任何峰和谷都不能相互抵消，所以原子释放出的所有能量都存在于束中，并且能够聚集到光束所照射材料的一块很小的面积上。

当一群原子或分子受热激发，并且已经填满一个能带中的各能级时，如果将它们搁置在一边，那么它们将以不相干的、混乱的方式辐射不同波长的能量，携带的有效能量比原子或分子释放出的能量要小得多。然而可以采取措施去填满一个很窄的能带中的能级，然后触发使这个能带中的激发态原子回到基态。这一系列触发，输入的是具有合适频率的较弱的辐射，而输出的是具有相同频率的强得多的、放大的辐射束。这个技术最初在 20 世纪 40 年代后期得到发展。这一发展由美国的一个小组和苏联的一个小组独立完成。他们使用的辐射位于收音机用的波段，波长从 1 厘米到 30 厘米，称为微波波段。这项工作的先驱者于 1954 年获诺贝尔奖。因为这个波段的辐射称为微波辐射，并且这个过程涉及 1917 年爱因斯坦提出的受激辐射的微波放大，所以先驱者们为这个过程杜撰出了受激辐射微波放大这一名称，英文缩写为 MASER。

10 年之前人们还没有找到一个合适的方法使得这个机制适用于光学频率，然而到了 1957 年已有两个人几乎是同时产生了同样的想法。一个（看起来他是第一个）是哥伦比亚大学的一位研究生高登·格尔德，另一个是受激辐射微波放大的先驱者之一查尔斯·汤斯（Charles Townes）。汤斯于 1964 年获诺贝尔奖。关于谁在什么时间发现了什么的争论已经成为专利权法律研究的对象。因为激光器——激光射器（来自"光放大……"）现在是一个大生意，很赚钱的。幸运的是我们没有卷入那个问题。今天，有几种不同种类的激光器，其中最简单的是光学泵固体激光器。

在这种设计中，要准备一根抛光的、平底的材料（例如红宝石）棒，材料棒被明亮的光源所包围。这光源是一根能迅速闪烁的气体放电管，它能产生具有足够能量的光脉冲，以激发棒的原子。整个设备置于较冷处，以确保棒内原子的热激发所造成的干扰达到最低。来自光源的明亮的闪烁用于将原子激励到激发态。当激光器受到触发时，一个纯的红宝石光脉冲，携带着几千瓦的能量，从棒的平底射出。

其他种类的激光器包括液体激光器、荧光染料激光器、气体激光器等等。所有激光器的基本性能都是一样的——输入非相干能量，以形成携带着很多能量的纯脉冲的相干光。很多激光器例如气体激光器，提供一个连续的、纯的光束，它是用于测量的主要的"准直器"，它在摇滚音乐会和广告中具有广泛的用途。其他激光器产生短暂的、能量很高的脉冲，可用于在硬的物体上钻洞（有朝一日它或许还有军事用途）。激光作为切割工具，在服装工业、显微外科医学方面用途也非常广泛。激光束能够比无线电波更有效地携带信息，因为每秒钟传递的信息是随着辐射频率的增加而增加。在超级市场上很多产品上的条形密码是用激光扫描器来读的。在 20 世纪 80 年代早期在市场上出现的音像光盘都是用激光束扫描的。真正的三维摄影或者全息照相都可以在激光的帮助下完成，如此等等。

我们可以将受激辐射微波放大器用于放大微弱信号（例如来自通信卫星的信号）、雷达和其他方面。实际上激光的用途是说不完的。这些应用并不全都是起源于完整的量子理论，而是源于最初的量子物理。当你购买一包玉米片在超市出口处用激光进行扫描时，或者当你在电视上观看通过卫星传递过来的正在举行的音乐会时，或者听高保真压缩盘上乐队的最新录音时，或者在赞美全息照相图像的魔力时，都应该感谢阿尔伯特·爱因斯坦和奈尔斯·玻尔，是他们在 60 年前提出了受激辐射的原埋。

功能强大的显微术

量子力学对我们日常生活最普遍的影响无疑是在固态物理领域，"固态"这一名称并不罗曼蒂克。当你听到这个词时，可能并没有把它与量子理论联系起来。然而就是物理学的这个分支给我们提供了晶体管收音机、索尼随身听、数字式钟表、袖珍计算器、微机、可编程的洗衣机等等。对固体物理无知，并不是因为它是一个深奥的科学分支，而是因为它非常普通以至于人们认为是理所当然了。如果不是很好地掌握了量子调制术，那么上述设备我们将一样都得不到。

上段提到的所有设备都依赖于半导体的特性。半导体是固体，它具有介于导体和绝缘体之间的特性。不追求细节的话，绝缘体是那些不导电的物质，它们不导电是因为它们的原子中的电子被紧紧地束缚在核上，符合量子力学规则。在导体例如金属中，恰好每个原子都具有一些松散的束缚在核上的电子，它们位于原子势阱顶部附近的能态中。当固体中的原子聚集在一起时，相邻原子势阱的顶部交叠在一起，在高能级中的电子就可以自由地从一个原子核附近跑到另一个原子核附近，而不再束缚在某一个原子核上，从而能够在金属中携带电流。

导体的特性最终依赖于费米—狄拉克统计，它禁止那些松散地束缚着的电子落入原子势阱的深处。在那里的能态已被紧束缚着的电子占满了。如果你想压缩一块金属，它将抵制这个压力，金属是坚硬的。金属坚硬能够抵制压力的原因就是费米子符合泡利不相容原理，电子不能被紧紧地压在一起。

可以使用量子力学波动方程来计算固体中的电子的能级。那些紧紧地束缚在核上的电子位于价带中。那些可以在核间自由游动的电子位于导带中。在绝缘体中，所有的电子都在价带中；在导体中，价带是满的，一些电子位于异带中。[①] 在半导体中，价带是满的，在价带和导带之间具有较窄的能隙，典型的能隙大约为1eV，所以电子容易跳到导带上去，并在材料中传送电流。然而不像在导体的情形，这个获得能量的电子在价带后面留下一个缝隙。与狄拉克所解释的电子和正电子产生了能量的方式完全相同，缺

---

① 实际上还有另外一种导体，其中价带本身并不满，所以电子可以在价带中移动。

少了带负电电子的价带，就电性而言就像一个正电荷。所以在天然半导体中，少数电子位于导带中，少数带正电的空穴位于价带中，它们都可以传送电流。你可以认为电子依次落入导带中的空穴，在其后再留下空穴，下面的电子再跳进这些空穴，依此类推。或者你可以将空穴视为真正的、朝相反方向运动的正电粒子。就电流而言，效果是一样的。

天然半导体是非常有趣的，并不是因为它为电子—正电子对的产生提供了一个很好的类比。半导体的电特性很难控制，就是这些控制使得半导体对于我们的日常生活是如此的重要。这些控制通过人工半导体来实现。其中一种是自由电子占主导地位，另一种是"空穴"占主导地位。

这种处理方法容易理解，然而在实际操作中却并不这么容易。例如在锗晶体中，每个原子的外层有四个电子（这是暂时使用量子调制术，对于这项工作玻尔模型足矣），这四个电子为相邻原子所共享以产生化学带，从而将晶体收拢在一起。如果在锗中"注入"少量的砷原子，锗原子在晶格结构中仍占主导地位，砷原子不得不挤进它最容易待的地方。用化学术语来说，在砷原子和锗原子之间主要的不同在于砷原子外层有五个电子。砷原子挤进锗晶格中的最好方式是扔掉一个电子，占满四个化学键，将自己假扮成一个锗原子。由砷原子提供的多余的电子就在半导体导带之中游动，它们没有对应的空穴。这种半导体称为 N 型半导体。

另一种方法就是在锗晶格中注入镓原子。镓原子只有三个成键电子。从效果上看就像在每个镓原子的价带中产生一个空穴，价带中的电子通过跳入空穴而运动，就像正电荷在运动一样。这种晶体称为 P 型半导体。当我们将两种半导体放在一起时，就会产生一种有趣的现象。多余的正电荷位于势垒的一侧，负电荷位于另一侧，电势之间的不同企图推动电子在一个方向上的运动，而阻止它在相反方向上的运动。这样的一个半导体连接对，称为二极管，它只允许电流沿一个方向流动。更难理解的是，电子跳过能隙从 N 区进入 P 区的空穴，同时发出闪光。根据这种发光机制设计的二极管叫做发光二极管或 LED，用于一些袖珍计算器和手表及其他显示器件的数字显示。有一种二极管的工作恰好相反，当它吸收光的时候，将电子从原来的空穴中抽出，送入相邻的导带，这种二极管称为光敏二极管。这个机制保证了只有当光照射到半导体上时才有电流流过。这就是自动开门设施的基础。当你在光束前走过时，门就自动打开。然而，除了二极管之外还有很多半导体器件。

当三片半导体合在一起构成三明治形式（pnp 型或 npn 型）时，就得到一具晶体三极管（三极管中的每一片与一个电线相连接，所以可以看到在你的收音机中的三极管就像一个三脚架，有三条腿从容纳半导体本身的金属或塑料"罐头"壳伸出）。只要适量地注入材料，就有可能建立起这样一种机制，当一个很小的电流流过一个 NP 结时，就导致一个大得多的电流流过三明治的另一个结——三极管的作用就是一个放大器。任何一个电子爱好者都知道，二极管和放大器（三极管）这两种元件在音响系统设计中是非常关键的。但是现在三极管已经过时了，在收音机里面你已经找不到三条腿的"罐头"了，除非它是一个"老古董"。

直到 50 年代，在文娱活动中我们还依赖笨重的无线电收音机。这个设备，尽管取名为无线电收音机，然而却塞满了导线和发热的真空管，而现在这些工作已由半导体来完成。在 50 年代后期，半导体革命开始了，这些体积又大又发热的电子管被半导体所取代，而各种线路被印刷电路板所代替，半导体元件就焊接在上面。由此再进一小步就到了集成电路。在集成电路中所有的电路和半导体放大器、二极管等等都做在一片半导体上，经过简单连接就可构成收音机、录音机等等的核心部件。同时在计算机工业领域正在进行一场类似的革命。

像古老的无线电一样，第一台计算机也是很大很笨重的。其中布满了电子管以及几英里长的电线。即使是在 20 年前，那时第一次固态革命，功能相当于现代微机的计算机仍需要一间房子的空间来容纳它的"脑部"，还要更多的空间来安装附属的空调设备。这场固态革命使得原来这么巨大的计算机才有的计算能力现在只需一台价值几百美元的桌面计算机就已经具有，祖辈们原来使用的桌面无线电现在已换成烟盒大小的收音机，以及由三极管换成了集成电路。

生物脑和电子计算机都是开关系统。你的大脑包含大约一千亿个神经元形成的开关，神经元由神经细胞构成。计算机拥有的是由二极管和三极管构成的开关。在 20 世纪 50 年代，具有与人脑同样多的开关的计算机将有曼哈顿岛那么大。现在，通过将微型芯片连接在一起，将同样多的开关压在人脑这么大的体积内也是可能的，尽管这种计算机的连线也还是一个问题，这种计算机还没有制造出来。只要比较一下芯片和三极管的大小就可以看出这种计算机可能会成为现实。

现在的标准微型芯片中使用的半导体是硅，其基本成分与普通的沙子一样。只要适当地激励一下，就会有电流流过，不激励就不会有电流。将直径 10 厘米的长的硅晶体切成剃须刀片那么厚的许多薄片，然后裁成几百个小的矩形芯片，每一片比火柴头还要小，在每一芯片上一层又一层地压了很多精美的希腊糕点：非常好的电路、等效的三极管、二极管、集成电路等等。从效果上说，一块芯片就是一个整个的计算机，现代微机的其余工作就是使信息出入芯片。它们非常便宜（一旦付了电路设计费和用于复制芯片的设备费），以至于可以成百上千地生产。经过检验发现不能用的只需把它扔掉就是了。要制作一块芯片，从设计开始，可能要花费 100 万美元；但如果要生产足够多的同样的芯片，那么每片只需花几分钱。

所以在日常生活中有不少东西都位于量子大门口。量子菜谱一章中所描绘的方法就给我们提供了数字式手表、家用计算机、可以将宇宙飞船引入轨道的电脑（或者有时候不让它飞，只要操作员想这样的话）、便携式电视机、个人音响系统、强有力的可以震聋你耳朵的高保真音响系统和助听器。真正的袖珍计算机（只有钱包那么大）不会再遥远了；真正的智能机器还是遥远一些，但也不是没有可能实现。那些控制火星着陆器的计算机、在外部太阳系中控制航空探索的计算机和那些控制连拱廊游戏的芯片是最近的表兄弟。它们都植根于量子基本规则所要求的电子的奇异行为。固态物理除了在显微方面的广泛应用之外，在其他方面也具有美好的应用前景。

超导体

像半导体一样，超导体的命名也具有逻辑意义。超导体是指当电流流过时没有任何明显的电阻出现的材料。这与我们至今仍然希望得到的永动机非常类似，当然超导体并非毫无可能，它仅仅是通过物理研究而得益于日常实际的一个罕见的例子。它可以通过电子配对一起运动来解释。尽管每个电子都具有半整数自旋，都符合费米—狄拉克统计和泡利不相容原理，而一个电子对在某些情况下的行为就像一个具有整数自旋的粒子。用量子力学的话来说，这样一个粒子的行为不受不相容原理的束缚，它与光子一样遵守玻色—爱因斯坦统计。

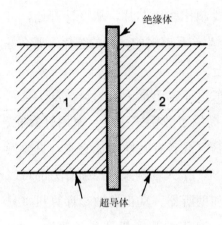

绝缘体

1　　　2

超导体

图 7.2　约瑟夫森结的隧道效应

将两块超导体同一小层绝缘体结在一起就形成了约瑟夫森结，在结处会发生奇异的事情。在合适的环境下，电子可由隧道效应通过此结。

荷兰物理学家卡曼林·欧尼斯于 1911 年发现超导电现象。他发现当绝对温度低于 4.2K（大约－269℃）时，汞的电阻变为零。欧尼斯于 1913 年因为低温工作而获诺贝尔奖。但并不是因为它发现了超导，而是因为他在制备液态氦方面的成就。直到 1957 年约翰·巴丁（John Bardeen）、利昂·库珀（Leon Cooper）、罗伯特·施里弗提出一个著名的理论之后超导现象才获得解释。这三个人因此而获 1972 年的诺贝尔奖。[①] 这个解释依赖于晶格中电子对和原子的相互作用。当一个电子与晶格相互作用时，会影响到对电子中另一个电子和晶格的相互作用。所以尽管它们的自然倾向是相互排斥的，但是电子对构成一个松散的伙伴关系，足以说明由费米—狄拉克统计到玻色—爱因斯坦统计的改变。并不是所有的材料都能成为超导体，晶体中原子的热运动都有可能破坏电子对，这就是为什么只有在极低温度（1K 至 10K）下才能出现超导的原因。在某个临界温度下（一种材料有一个临界温度，不同材料有不同的临界温度），一些材料可以变成超导体，一种材料可以

---

①　巴丁于 1948 年就因为他和威廉·肖可利、沃尔特·布拉顿发明的三极管而享有盛誉。这个发明使他们荣获 1956 年的诺贝尔物理学奖。巴丁是第一个两次获诺贝尔奖的人。

变成为另一种性质的材料。在那个温度以上，电子对破裂，从而又恢复到普通电子的特性。

在室温下是良导体的材料并不是最好的超导体，这一事实证实了上述理论的正确性。在通常的良导体中电子可以自由移动，是因为它们与晶格原子的相互作用并不频繁。然而没有电子和原子间的相互作用，电子之间就无法耦合，因此，在低温下就不可能成为超导体。

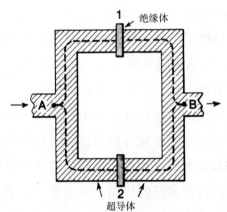

图 7.3　干涉效应

两个约瑟夫森结可以组合成一个新的器件，它与光的双缝实验中所用的系统类似。

应用这个设备，可能观察到电子之间的干涉，这是这些"粒子"波动性的证据之一。

不幸的是，产生超导体首先需要极低的温度。超导体的潜在应用价值是可以想象的——在电缆中传送而不损耗能量就是最好的例子。超导体也具有其他特性。普通金属导体能被磁场穿透，但是在超导体中电流在其表面流动，从而排斥磁场。一个好的屏幕最怕来自磁场的干扰，但是为了抵制干扰而将其温度降至几度 K 也是不现实的。当用一块绝缘体将两块超导体隔离开来时，你可能认为不会有电流流动；然而别忘了电子与那些可以通过隧穿跑出核的粒子满足同样的量子规则。如果绝缘体足够薄的话，电子对通过这个缝隙的可能性就比较大，然而也不会产生常识性的结果。这种结（称为约瑟夫森结），在绝缘体两侧的电势不同时不会有电流产生；如果绝缘体两侧的电势相等的话反而会有电流产生。将两块音叉形的超导体对合地压在一起，像三明治一样在中间隔一层绝缘体，就构成双约瑟夫森结。这种器件能够用于模拟电子"双缝"实验中的量子力学行为。这些行为是量子世界中许多性质的基石，我们将在下一章中对其作详细介绍。

在低温下，不仅电子可以连接在一起构成违背物理学一般规律的赝玻色子，氦原子也具有类似的行为，它是称为超流体的液氦特性的基础。你将杯中的咖啡搅动一下，然后把它放在一边，液体的旋转就会逐渐变慢，最后停了下来，这是因为液体内部具有一种类似摩擦的力或黏滞力。如果将温度降至 2.17K 再做同样的实验，就会发现液体的旋转永远不会停下来；把它放在其他的容器时，液体可能会沿着碗的边缘向上爬并且流出来；不是难以通过很细的管子，而是管子越细超流液氦越容易通过。所有这些奇怪的现象都可以用玻色-爱因斯坦统计来解释。尽管这些特性要求如此之低的温度，以至于难以找到实际的应用，但是低温原子的行为像超导体中的电子一样，可以使人们有机会看到量子过程。将少量超流氦置于直径 2 毫米左右的微小吊桶中，旋转吊桶，最初液氦处于静止状态。随着旋转速度的增加，当角动量达到一个临界值时，所有的氦发展成为一种自向流，从一个量子态变化到另一个量子态。量子规则不允许其中出现中间态——相当于一个中间角动量，氦原子整体的质量比量子世界中的粒子的质量要大得多，但是可以看到它们的行为满足量子规则。随后我们将会看到，超导体不仅可应用于微观原子，也可应用于人类自身。但是量子理论不仅局限于物理世界或物理学，现在所有的化学都可以用基本粒子规则来解释。化学是一门分子科学，而不仅是个别原子和亚原子单元的科学。这些分子包括对我们来说是重要的分子——

活的分子，包括生命分子 DNA。我们现在对生命本身的理解植根
于量子理论。

生命本身

除了量子理论对生命化学理解的科学重要性外，在量子理论
的发展中与生命分子 DNA 双螺旋结构的发现中一些领军人物之间
存在着直接的个人联系。X 射线在晶体上的衍射规律是由劳伦斯·
布拉格和他的父亲威廉·布拉格发现的。在第一次世界大战之前
的几年中他们正在卡文迪什实验室工作，1915 年他们因为这项工
作而共享了诺贝尔奖。当时劳伦斯还非常年轻，还是一位正在法
国服役的军官。50 年后他又参加了 50 周年的纪念庆典活动。老布
拉格已经在物理学界享有一定的声誉，他的主要贡献在于对 α、β
和 γ 射线的研究。在 20 世纪最初的几年里他证明了 γ 射线和 X 射
线的某些行为与粒子类似。然而作为解开晶体结构之谜的金钥匙
的布拉格 X 射线的衍射定律依赖于 X 射线的波动特性。X 射线与
晶格中的原子发生碰撞，然后离开。结果干涉图样依赖于晶体中
原子之间的距离和 X 射线的波长，这工具已被熟练地运用于确定
复杂晶体结构中个别原子的位置。

对布拉格定律的主要贡献是由劳伦斯·布拉格于 1912 年完成
的。在 20 世纪 30 年代后期他正在剑桥卡文迪什实验室任物理学教
授（继承了卢瑟福退休后留下来的职位），在其他方面的工作之
余，他仍然热衷于 X 射线方面的工作。就在这十年期间崭新的生
物物理学开始得到发展。J. D. 伯纳尔用 X 射线衍射方法确定了生
物分子的结构和成分。这一开创性工作导致了后来对复杂的蛋白
质分子的详细研究。蛋白质分子承担了很多生命方面的功能。在

1962 年马克斯·佩鲁茨和约翰·肯德鲁由于在确定血红蛋白和肌红蛋白结构方面的贡献而获诺贝尔化学奖。血红蛋白在血液中输送氧，而肌红蛋白是一种肌肉蛋白。

与分子生物学的起源永远联系在一起的几个名字是"年轻的土耳其人"弗朗西斯·克里克和詹姆斯·沃森。他们在 20 世纪 50 年代早期发展了 DNA 的双螺旋结构模型，于 1962 年与莫里斯·威尔金斯一起共同分享了诺贝尔生理学或医学奖。诺贝尔委员会在同一年中分别在化学和生理学名义下奖励在生物物理学领域中不同的开创者，这一灵活性是令人钦佩的，然而不幸的是严格的规则反对对那些已故人员进行奖赏，这使得威尔金斯的同事罗莎琳德·富兰克林不能与克里克、沃森、威尔金斯分享奖项。前者在结晶学方面做了大量的工作，这些工作对于揭示 DNA 结构起了关键性的作用，然而他于 1958 年去世，年仅 37 岁。而富兰克林在传说中的地位有如沃森的书《双螺旋》中的满腔热情的男女平等主义者。在那个时代的剑桥他是一个充满色彩的人，他被广泛地接受，但并未得到其同事的公平的、准确的认识，甚至他本人也没有对自己形成一个公平的认识。

导致沃森和克里克发现 DNA 结构的工作是在卡文迪什完成的，当时卡文迪什实验室仍由布拉格领导。沃森是一个年轻的美国人，他来到欧洲做博士后研究工作，在他的书中，他描绘了在卡文迪什谋求职位的时候是如何遇见布拉格的。布拉格六十岁刚出头，留着白色的胡须，给沃森留下的印象是"科学历史上的碎片"，现在他的大部分时光是在伦敦俱乐部中度过的。沃森被接收了，他对布拉格在研究中投入的积极的兴趣感到惊讶。在解决 DNA 问题的过程中，布拉格经常提供一些非常宝贵的指导，尽管这些指导并不总是受欢迎。弗朗西斯·克里克，尽管比沃森年长，当时他还是一个学生，正在攻读博士学位。他的科学生涯，像同代的很多人一样，曾被第二次世界大战所打断，虽然这对他并没有带来不好的影响。他最初是攻读物理学的，只是到了 20 世纪 40 年代末期他才转向生物学。他的这一决定主要是受了薛定谔在 1944 年出版的一本书的激发而做出的：这本名为《生命是什么?》的书是一部经典著作（仍然在印，很值得一读），它阐述了生命的基本分子可以根据物理定律来理解。一个需要用物理术语来解释的重要分子是基因，它携带了生物体如何构成和如何运作的信息。当薛定谔在写《生命是什么?》这本书时，他认为基因和其他的生物分子一样，由蛋白质构成。然而大约就在那个时候，人们发现遗传信息实际上由一种叫做脱氧核糖核酸的分子所携带，这种分子是在活细胞的核中发现的[1]。这就是 DNA，克里克和沃森通过对威尔金斯和富兰克林的 X 射线数据的分析确定了 DNA 的结构。

我已经在另一本书里面详细描述了 DNA 的结构和它在生命过程中的地位[2]。DNA 的主要特征是由两条相互缠绕在一起的带构成，是一种双螺旋结构。称为基的不同的化学成分在 DNA 脊柱上排列的顺序，携带了活细胞用于构造各种蛋白质的信息，例如在血液中携带氧的或使肌肉进行动作的蛋白质分子。一股 DNA 能够部分地解开，显露出的基作为构造其他分子的模板；或者它能够彻底的解开，沿着股的中心用相应的原料使每一个基配对，从而构成一个镜像股从以形成一个双螺旋结构。两个过程都将活体细胞的化学溶液作为原材料，两个过程对生命都是重要的。人类现在已能够沿着 DNA 将编码信息进行拼凑，改变生命蓝本中的编码信息——至少在某些相对简单的活体组织中已经能够做到。

---

①　术语"核"的原始用意是指原子的中心部分，这是对已经存在的生物学术语的故意仿谈。

②　引自格里宾与杰里米·彻法斯合著《猴子的迷惑》一书。

这是遗传工程的基础。基因材料 DNA 片断可以通过联合使用化学技术和生物技术来生成。对于像细菌这样的微生物来说，可以从其周围的化学溶液中提取 DNA，并向其中注入它们自己的基因编码。如果将如何制造人体胰岛素的编码信息给予一种细菌，那么这种细菌的"生物工厂"就能够精确地生产出糖尿病患者所要求的材料，从而使他们能以正常的方式生活。生理上的很多缺陷会导致一系列问题例如糖尿病。通过改变基因材料来去掉这些缺陷这一梦想的实现虽然还比较久远，但这在理论上是完全行得通的。然而，更近一点的一个措施就是对其他动物和植物实施基因工程技术，从而培育出能够满足人们的吃和其他需要的优秀品种。

这方面的细节内容同样可以在其他地方找到。① 重要的是我们已经听说了基因工程，已经读到了它的神奇特性以及对将来带来的危险。基因工程以我们对活分子的理解为基础，而对活分子的理解又依赖于我们今天对量子力学的理解。虽然很少有人体会到这一点，但事实确实是这样。没有量子力学，我们就不能解释 X 射线衍射数据，更不用说明其他的事。为了理解基因如何构造和重构，我们就必须理解原子按某种固定的方式进行组合、相互之间必须满足一定的距离、必须以一定的化学键相连接的机制和原因。这个理解是量子力学对化学和分子生物学的贡献。

如果不是威尔士大学的一名成员的话，我也不会对这一点解释的这么详细。在 1983 年 3 月份《新科学家》的一篇评述当中，我曾提到"没有量子力学就没有基因工程，就没有固态计算机，就没有核电站（或原子弹）"。一个权威学术机构的记者曾对这个评述进行过抱怨，他是亲眼看着基因工程作为一门新科学从其他

①　参见杰里米·彻法斯，《人造生命》一书。

学科中脱颖而出的。他抱怨说本不应该让格里宾说出这种荒谬绝伦的话。不管多么微妙，在量子力学和基因之间存在什么样的联系呢？现在我希望将这个联系讲清楚。一方面，克里克转变为一个生物物理学家是受了薛定谔的直接影响；DNA双螺旋结构的发现是劳伦斯·布拉格的正规研究方向取得的成果；在更深的意义上，布拉格、薛定谔以及更年青一代的物理学家如例如肯德鲁、佩鲁茨、威尔金斯和富兰克林对生物问题感兴趣的原因是这些问题仅仅是另一种物理问题，一种处理复杂分子中大量原子的物理（薛定谔曾指出这一点）。

我不会放弃我在《新科学家》中所作评述的观点，我还要强调它。如果你让一个天才的、阅读广泛的、但非科学界的人来概述科学家对我们当今生活的最重要的贡献，那么他肯定会给你开出一张清单。上面包括计算机技术（自动化、失业、娱乐、机器人）、核设施（原子弹、巡航导弹、核电站、三里岛）、基因工程（新药、无性生物、人造疾病的恐怖、粮食紧张程度的缓解）、激光（全息照相术、死光、微型手术、通讯）。大多数比较聪明又阅读广泛的人可能都听说过相对论。这个理论与人们日常生活毫不相干。他们当中很少有人会意识到其中的每一项内容都植根于量子力学——一门他们可能从来没有听说过、更不用说理解的学科。

他们的人数并不少。使用量子力学方法已经取得了很多进展，人们只知道量子力学的规则很有效，但却并不真正理解它们为什么有效。尽管在过去的60年中量子力学已经取得了巨大的成就，但是不是每个人都理解了量子力学为什么有效还值得怀疑。在本书的其余部分中，将集中讨论一些更深层次的、经常被掩盖着的问题，同时讨论一些可能性和悖论。

第三部分
题外话

　　争论一个问题而没能解决它，比解决了一个问题而没有争论它要好！

——约瑟夫·朱伯特

1754～1824 年

第八章

可能性和不确定性

今天，已经把海森伯的测不准原理当作量子理论的核心特性。但是这一点并没有马上就被其同事们所接受，而是花了近十年的时间才获得了今天这样的显赫地位。然而，从 20 世纪 30 年代以来，它的地位可能已被吹捧得有点过高。

这个概念起始于 1926 年 9 月薛定谔访问哥本哈根期间，在那里他对玻尔发表了著名的关于"该死的量子跳跃"的评论。海森伯意识到，玻尔和薛定谔之间有时看起来持有不同的观点，其原因之一就是概念上的冲突。那些诸如"位置"、"速度"（或者后来的"自旋"）之类的概念，在微观物理世界中具有与其在日常生活中不同的含义。那么它们的意义是什么呢？这两种世界之间又有什么联系呢？海森伯回到了量子力学的基本方程

$$pq - qp = \hbar/i$$

并且从这个方程出发，证明了位置的不确定量 Δq 与动量的不确定量 Δp 之积必定大于$\hbar$。同样的不确定关系适用于任意一对共轭变量、乘起来具有作用单位例如$\hbar$的变量。作用单位是能量×时间。另一对最重要的共轭变量为能量（E）和时间（t）。海森伯指出，日常生活中的经典概念在微观世界中仍然存在，只不过它们的运

用只是不确定关系所揭示的规律的一个特例。我们对粒子的位置知道得越精确，那么对其动量知道得就越不精确，反之亦然。

不确定性的意义

这些令人吃惊的结果发表在 1927 年的《物理学杂志》上。一些熟悉量子力学基本方程的理论物理学家例如狄拉克、玻尔立即就意识到了它的价值。然而很多实验学家却认为海森伯的主张是对他们实验技巧的挑战。他们认为海森伯是在说他们的实验精度不够高，以至于不能同时精确地测定位置和动量，他们希望通过自己的实验来证明海森伯是错误的。然而他们是徒劳的，因为这并不是海森伯所说的。

今天还会产生这样的错误概念。部分原因在于人们传授不确定思想的方式。海森伯自己使用的方式是通过对电子的观察来证明他的观点。我们只有通过看才能认识事物。这就涉及物体发射光子并进入我们的眼睛这样一个过程。一个光子对房子这样的物体的扰动并不大，所以房子并不会因为我们的观察而受到影响。然而，对于一个电子来说，情况就大不一样了。因为电子是如此之小，要观察它，我们必须使用短波长的电磁场，并借助于某种实验装置。这种 γ 射线的能量是很高的，一个 γ 射线的光子离开电子，然后被我们的实验设备所检测到，这个过程将戏剧性地改变电子的位置和动量。如果是原子中的一个电子的话，那么用 γ 射线进行观察时，就有可能将它从原子中打出来。

所有这些都是千真万确的，它们给出了不可能同时精确测定电子的位置和动量这一普通思想。测不准原理告诉我们，根据量子力学基本方程，像电子这样的东西不会同时具有精确的动量和精确的位置。

这个原理具有很深的内涵。就像海森伯在《Zeitschrift für Physik》上的那篇文章的结尾时所说的："作为一个原理，我们目前不知道它的详细情况。"这就是量子理论和经典力学的确定性思想相分离的地方。根据牛顿的理论，如果我们能知道宇宙中所有粒子的位置和动量的话，我们就能预言未来的所有过程。对于一个现代物理学家来说，这种进行完美预言的思想是毫无意义的。因为我们甚至不能同时精确地知道一个粒子的位置和动量。量子力学基本方程的不同形式——波动力学、海森伯——玻恩——约当矩阵、狄拉克的 q 数——都给出同样的结论。其中狄拉克方法小心地避开了与日常生活的比较，所以看起来是最合适的。事实上，在海森伯之前，狄拉克与不确定关系就已经非常接近了。在 1926 年 12 月《皇家学会进展》上的一篇文章当中，他指出，在量子力学当中不能回答同时涉及 q 和 p 的数值的任何问题，尽管人们能够回答只涉及 q 或只涉及 p 的具体数值的问题。

直到 20 世纪 30 年代，哲学家们才着手研究量子力学关于因果关系的含义和预测未来的困惑，在因果关系中，任何一件事件都是由一些其他的特定事件所导致。与此同时，尽管不确定关系是由量子力学基本方程推导而来的，但是一些有影响的专家仍然由不确定关系出发来传授量子力学。在这种潮流当中，泡利可能是最有影响力的人物。他在一篇详细论文当中，是从不确定关系出发来介绍量子力学的，他还鼓励他的同事赫尔曼·外尔按这种方式来写一本名为《群论与量子力学》的书。这本书首先于 1928 年以德文出版，后来于 1931 年被马休译为英文出版。这本书和泡利的文章一起，确定了这一代标准教科书的基调，学习这些教科书的学生们成为教授后，又以这种方式向他们的学生传授量子力学。结果是，时至今日，许多大学生学习量子力学还是从不确定关系开始的。①

　　这是历史中的一个奇点。毕竟，从量子理论基本方程出发可以导出不确定关系，但从不确定关系出发，却导不出量子理论基本方程。更严重的是，不是从方程出发，而仅仅是从使用γ射线来观察电子这样的例子出发来引入不确定关系，很容易使人们产生这样的想法：不确定关系不是自然规律中的一个基本原理，而完全是由实验条件的限制所导致的。你必须先学完一件事，接着回过头来学习另一件事，然后再回过头去理解最初学习的那件事。科学并不总是符合逻辑的。结果是一代又一代的学生为不确定关系所迷惑，从而产生错误的概念。不能正确地理解这些概念，是因为你按照科学本身的发展顺序来学习这门理论。然而，如果我们并不急于了解科学的复杂性，而只是想体会一下量子世界的奇怪现象，那么从探索一个惊人的例子中的奇怪特性出发就变得非常有意义了。在本书的其余章节中，你将遇到众多奇怪现象，而不确定关系将仅仅成为其中一例。

哥本哈根解释

　　测不准原理的一个重要方面是它在时间的正方向和负方向上表达着不同的意义。关于这一点并不是总能够引起足够的注意。在物理学当中，一般很少关心时间流的方向。然而在我们所生活的这个世界中却确实应该存在一个时间箭头，从而标明过去和未

----

①　这并不是一件令人高兴的事。按这种方式学习量子理论，就会把p和q之间的不确定关系看作量子力学中最重要的关系。大家都知道这样一句话："记住p和q间的不确定关系。"这句话所起的作用就像是在告诫孩子们要从字母开始学起，告诫学打字的人要从熟悉键盘开始，告诫人们要从字母的细节开始欣赏小提琴演奏那样。不过现在是将这句话作为量子理论中的警句。据我所知，以这种方式学习量子力学仅仅是个巧合。

来。这就使人们对物理学的基本原理产生了迷惑。不确定关系告诉我们，因为不能同时知道位置和动量，从而未来也就是不可预测的——未来在本质上是不可预测的和不确定的。然而根据量子力学的规则，人们可以用实验去推算过去，精确地推算出电子在过去某一时刻的位置和动量。未来具有本质上的不确定性——我们不能准确地知道自己将走向何方；但过去是确定的——我们精确地知道我们是从哪里来的。用海森伯的话说就是："原则上我们知道过去的一切细节。"这正符合我们有关时间的日常经验，从可知的过去走向不确定的未来。这是量子世界中最基本的一个特性。它可以联想到整个宇宙中的时间之箭问题。这个令人更加迷惑的含义将在以后再来讨论。

当不确定关系的令人迷惑的含义开始慢慢地被哲学家们所理解时，玻尔也在他曾一度为之深思的概念方面看到了曙光。在量子世界中波动图像和粒子图像都是必要的（事实上，我们既不能说量子是波，又不能说它是粒子），这一互补的思想建立了用来描述不确定关系的数学公式，它表明不能同时精确地知道位置和动量，在相互排斥的意义上它们是互补的。从 1925 年 7 月到 1927 年 9 月，玻尔在量子理论方面几乎没有发表任何文章，后来在意大利的科摩城进行了一次演讲，这次演讲的听众非常多。在这次演讲中他引入了互补的思想，这个思想后来被人们称为"哥本哈根解释"。他指出，尽管在经典物理当中，不管我们是否正在进行观察，我们认为由相互作用的粒子所构成的系统例如钟表机构都具有某种功能。而在量子物理当中，观察者和系统之间存在相互作用，这种相互作用强到不能认为系统是孤立存在的。要精确地测定位置，我们就必须使得粒子的动量更加不确定，反之亦然。如果选择一个实验来测量波动特性，我们就排除了粒子特性。没有实验能够同时揭示出粒子性和波动性，等等。在经典物理当中，我们能够在时空坐标系当中精确地描述粒子的位置，并以同样的精度预言它们的行为；在量子物理当中，即使是在一个"经典"理论的意义上，我们也不能。

这些思想的发展以及理解它们的意义花了很长的时间。今天，根据实验观察结果就可以很容易地解释和理解哥本哈根解释的主要特性。首先，我们已经接受了这样一种概念：观察这一活动本身会改变观察对象。在更实际的意义上，观察者本身也是实验的一部分——没有时钟能够运转而不管我们是否在观察他们。其次，我们所知道的都是实验结果，我们在观察一个原子时，看到一个电子处于能态 A，过一会儿再看发现一个电子处于能态 B。我们便猜测是这个电子由 A 跳到 B，这可能是因为我们看到了电子的两种状态。事实上，我们甚至不能保证它是同一个电子，我们更不知道当我们没有进行观察的时候，电子正在干什么，我们从实验或者从量子理论的方程中所得到的只能是我们观察到系统处于状态 A，以及下一次观察到系统处于状态 B 的概率。我们对没有进行观察时所发生的一切一无所知。如果系统真的从状态 A 跳跃到状态 B 的话，那么我们对其中的过程一无所知。困扰薛定谔的这个"该死的量子跳跃"完全是我们对同一实验所得到的两种结果的一种解释，而且是一种错误的解释，系统有时处于 A 态，有时处于 B 态。在两者之间的问题，或者说它们是如何从一个状态到达另一个状态，是没有任何意义的。

这才是量子世界的真正的基本特性。有趣的是：当我们进行观察的时候，我们所获得的结果是有限的。而当我们没有观察的时候系统正在做什么，我们却是一无所知的。想到这些，真是动人心弦。

在 20 世纪 30 年代，爱丁顿在他的书《物理学的哲学》中给出了一些最好的例子来说明这个问题。他强调指出，我们所感知到的，我们从实验中学到的，带有明显的感情色彩。他不是简单地叙述，而是举了一个例子来说明这个问题。他说，假设一个艺术家告诉你人头的形状"隐藏"在一块大理石里，你会说这是荒谬的。然而，这位艺术家仅仅使用一把锤子和一个凿子在大理石上进行了一些修理，隐藏着的人头就露出来了。这就是卢瑟福"发现"原子核的方式。爱丁顿指出，"这个发现并没有超越出我们对核的波动描述"。因为没有人曾经看到过原子核。我们所看到的只是一个实验结果，是我们用核的概念来解释所观察到的现象。在狄拉克预言可能存在正电子之前没有人发现过它。今天物理学家们已经宣布，他们已经知道了元素周期表中不存在的大量的基本粒子。在 20 世纪 30 年代，物理学家们又对一种新粒子——中微子——的预言产生了好奇心。他们用这种粒子来解释在放射性衰变中微妙的自旋作用。爱丁顿说，"我并没有被中微子理论所打动，我不相信中微子"，但他又说"我不敢说实验学家没有足够的天才来构造中微子"。

从那时起，已经发现了三种不同的中微子（以及相应的反中微子），并且还预言了中微子的其他形式。能仅仅从表面上来看待爱丁顿的怀疑吗？在实验工作者用合适的凿子揭示出它们的形式之前，原子核、正电子和中微子难道真的不存在吗？这些怀疑直接动摇了我们判断的根基，更不用说我们的概念。在量子世界中很容易提出这样的问题。如果我们按照量子调制术所说的正确地进行操作的话，那么就能完成这样一个实验。这个实验可以得到一系列结果，对这些结果的解释暗示了一种粒子的存在。几乎每次做同样的实验，都会得出同样的一些结果。存在于脑海中的这些基于粒子的解释，比一个去不掉的幻觉强不了多少。当我们没有进行观察的时候，粒子正在做什么，基本方程提供不了任何信息。在卢瑟福之前，没有人观察到原子核；在狄拉克之前，甚至没有人想到正电子的存在。如果我们不能说出不在观察的时候粒子正在做什么，也不能说出不在观察时粒子究竟是否存在，那么就有理由宣布，在 20 世纪之前原子核和正电子并不存在，因为在那之前没有人看到过它们。在量子世界当中，你所见到的只是你所得到的，一切都是假的。你最有希望得到的是一套相互一致的幻觉。不幸的是，就连那些希望都被一些简单实验所否定了。还记得用来证明光的波动性的双孔实验吧?! 它们怎么能够用光子来解释呢?

双孔实验

在过去的 20 年中，最好、最著名的一位量子力学老师应该是加利福尼亚理工学院的理查德·费曼。他在 20 世纪 60 年代出版了三卷《费曼物理学讲义》。与其他书相比，他提供了一套标准的研究教科书。他参加过一系列受欢迎的专题演讲，例如在 1965 年他在 BBC 电视节目中作了一系列讲座。这些专题演讲以《物理规律的特点》出版。费曼生于 1918 年，作为理论物理学家，他的天才在 20 世纪 40 年代达到了顶峰。当时他正在着手建立电磁理论的量子方程，这个理论被称为量子电动力学。他在 1965 年获诺贝尔奖。费曼在量子理论发展史中处于特殊的地位。作为第一代物理学家的代表，他的成长过程伴随着量子力学所有基本原理、基本规则的建立。然而海森伯和狄拉克所处的状况是，新思想并不是按照正确的顺序出现的，概念之间的逻辑关系（例如自旋的情形）并不明显，他们不得不忙于改变这种状况。对于费曼这一代物理学家来讲，虽然存在一系列小的迷惑，但可以看出它们之间的逻辑顺序。如果不能一眼看出的话，那么经过努力思考之后肯定可以看出。这种机会在量子理论发展史中还是第一次出现。所以在这种时刻，不论泡利和他的同事们对不确定关系能否作为传授量子理论的出发点多少都是非常有意义的。是费曼和那些老师们在近几十年里看到了这些概念之间的逻辑关系，而不是重复过去几代人从不同点出发的思想。在介绍量子力学的《费曼物理学讲义》的第一页，费曼指出量子理论的基本成分是双孔实验。为什么？因为这个"现象，绝对不可能用经典的方式去解释，它位于量子力学的核心位置。实际上，它包含着所有量子力学的唯一神秘之处……基本奇异现象"。

就像在 20 世纪最初的几十年内，一些伟大的物理学家所做的那样，在本书前面的各章节中，我一直在努力使用日常生活的经验来解释量子思想。现在从最神秘的地方开始，尽量排除日常生活经验的干扰，而用量子力学来解释真正的世界。在量子世界和我们的日常生活经验之间没有类似之处，量子世界的行为是我们一点也不熟悉的。没有人知道量子世界的行为是什么样子的，我们只知道量子世界有其自己的规律。这里只有两点你可以依赖：第一，"粒子"（电子）和"波"（光子）以同样的方式运动——游戏规则是一致的；第二，正如费曼指出的，仅有一个神秘的地方。如果你能够理解双孔实验，那么你就胜利了一半，因为："事实证明，量子力学中的任何其他情况都可以这样解释，'你记得双孔实验的情况吗？它们都是一样的'。"①

实验是这样进行的。假设在一张屏（例如一堵墙）上有两个小孔。可以像著名的扬氏实验中那样做成长、窄的双缝，不过圆形的小孔也同样有效。这堵墙的另一侧是另一堵墙，上面装有某种探测器。如果我们用光做实验，那么检测器便可以是白色的屏，

---

① 参见《物理规律的特点》，第 130 页。

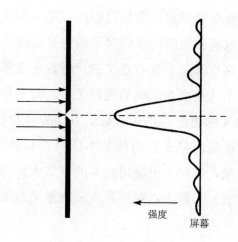

图 8.1　电子的衍射

电子束在通过单缝时会形成线条分布，在线条上最易找到"粒子"。

在上面我们可以观察到亮斑和暗斑；也可以是照相底片，拍下来
之后我们便可以在空闲时再来研究它。如果我们用电子做实验，
屏上就应该布置一个电子探测器的列阵，我们也可以想象屏上有
一个装有轮子的探测器，它可以自由移动以探测到达屏上一些特
定点的电子的数目。只要我们能以某种方式记录屏上的结果，其
中的细节就是不重要的。在具有小孔的墙的另一侧，有一个光子
源、电子源或其他。它可以是一盏灯，也可以是电视机中那样的
电子枪，其细节并不重要。当光子或电子通过两个小孔飞向屏幕
的时候，我们设置在屏上的检测器将获得什么样的结果呢？

　　首先，从光子和电子的量子世界走开。先看一下在日常生活
中会发生什么样的结果。在一个水槽中我们可以做各种实验，通
过水槽中的实验很容易观察到波通过小孔后是如何衍射的。振源
设备是某种摇把，它可以上下运动以产生规则的波。这些波通过
两个小孔进行传播，沿着检测器形成一个峰和谷交替的规则的图

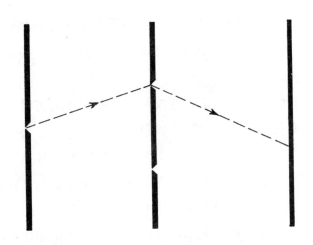

图 8.2 单缝与双缝

一个电子或光子在通过一对双缝中的一个小缝时，"照理说"应该像它通过只有一个缝时的情形一样。

样，这是来自两个小孔的波相互叠加的结果。如果我们堵住其中的一个孔，那么屏上的波的高度将以简单的、规则的方式进行变化。最强的波位于离孔最近的地方，它所经过的距离最短，在其两侧波的振幅都要减小。如果我们再将这个孔堵住而将原先堵住的孔放开，那么我们会观察到同样的结果。波的强度，即波所携带的能量正比于高度或幅度的平方 H^2，对于每一个独立的小孔来说，它们给出相似的结果。然而如果将两个小孔同时打开，那么情况就复杂得多。事实上，只是在两孔中央所对的屏上出现一个强度非常大的峰，而在峰的两侧强度是非常低的。这里两套波的痕迹被抵消了。当我们沿着屏移动时，发现强度大小是交替出现的。从数学上来说，当两个孔同时打开时的强度不是两个单独的强度之和（平方和），而是两个幅度和的平方。如果分别用 H 和 J 来标志两波的幅度，那么强度 I 不是等于 H^2+J^2，而是

$$I=(H+J)^2$$

即 $I=H^2+J^2+2HJ$，多出来的一项是两波相互叠加的贡献，同时为 H 和 J 可正可负留出了余地，它准确地解释了叠加图样中的峰和谷。

如果我们用日常生活中的大粒子来做同样的实验（费曼设想了一个怪诞的实验。在这个实验中，用一把机械枪通过墙上的小孔射击，在检测器旁边挂一斗沙子来收集子弹），那么我们将观察不到任何"相互作用项"。当我们射出大量的子弹后，在不同的沙斗里会发现不同数量的子弹。如果只打开一个孔，那么在屏上子弹的图样将与只打开一个小孔时水波强度的变化相同。但是当两个小孔同时打开时，在不同的接收器中发现的子弹的图样将等于两个孔单独打开时效果的总和——多数子弹都集中在两个孔后面的区域中，在两侧集密度光滑减小，没有相互作用所导致的峰和谷。在这种情形，将每颗子弹看作一个能量单位，那么强度分布由下式给出：

$$I = I_1 + I_2,$$

式中 I_1 相应于 H^2，I_2 相应于 J^2，没有相互作用项。

你知道下一步将做什么吗？现在假设用光和电子来做同样的实验。用光来做双孔实验，并且重复许多次，产生了与波类似的衍射图样。因为这里存在一个在足够小的尺度上进行操作的问题，所以没有用同样的方式来做电子实验，而是用晶格原子对电子束的散射来做等价的实验。为了叙述的方便，我将继续这个双孔理想实验。将那些在真实的电子实验中得出的确凿结果翻译成双孔理想实验的语言。就像光一样，电子也给出衍射图样。

这说明什么呢？难道这不就是我们已经接受了的波粒二象性吗？我们接受它是为了构造量子力学，但是我们对其含义却理解

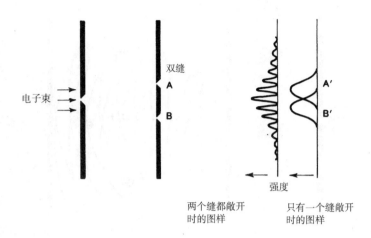

电子束

双缝

A

B

强度

A′

B′

两个缝都敞开
时的图样

只有一个缝敞开
时的图样

图 8.3　单缝与双缝的不同

对电子或光子说，实验发现当两个缝都开时与只开一个缝然后叠加形成
的图像不同。

得并不深刻。这样做的时间已经到了。薛定谔波动方程中的函数
与电子（或者它描述的任何粒子）是相关的。如果 φ 是波，那么
发现它衍射以及产生相互作用图样并没有什么奇怪的。证明 φ 按
波的幅度来运动，并且 φ^2 充当波的强度是很简单的。电子双孔实
验的衍射图样是 φ^2 的图样。如果束中有很多电子，它有个简单的
解释——它代表在某处找到电子的概率。成千上万的电子通过双
孔，能够根据 φ 波的解释在统计意义上预言这些电子将到达何处，
这是玻恩对量子力学的伟大贡献。但是对每个电子来说，发生了
什么呢？

　　我们容易理解波（例如水波）可以通过屏上的双孔，波是向
外传播的。但是电子看起来仍是粒子，即使它伴随有波的特性。
相信每个具体的电子必定通过两孔之一是很自然的。在实验中我
们可以等价地依次堵住其中一孔。当我们这样做时，在屏上我们
就获得了单孔实验的通常图样。然而当我们同时打开两个小孔时，

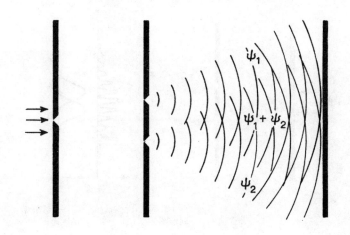

图 8.4 "概率波"的干涉

"概率波"决定了每个"粒子"到哪里去，概率波的干涉与水
波的干涉相似。

我们所得到的并不是像子弹那样的两种图样的简单相加。相反，
我们得到的是波相互叠加的图样。如果我们减慢电子枪的速度，
以至于一次只有一个电子通过全程，我们仍会得到同样的图样。
只有当一个电子通过一个小孔到达我们的检测器之后，再释放第
二个电子，如此等等。我们猜测，如果我们耐心地等待足够长的
时间，让所有的电子都通过的话，那么在检测屏上得到的就是波
的衍射图样。事实上，对于电子或光子来说，如果我们在一千个
不同的实验室中做一千个相同的实验，在每次实验中只让一个粒
子通过，然后将一千种不同结果相加，我们仍然将会得到衍射的
整体分布图样，就像我们在同一个实验中同时使用一千个电子一
样。单个电子或者单个光子，在前进过程中到底通过墙上的哪一
个小孔，遵守统计规律。只有当这个电子和光子"知道"另一个
孔是否打开时，这种统计规律才是有效的。这就是量子世界的最
神秘之处。

我们可以尝试着欺骗——当电子通过装置的一瞬间迅速地关闭或打开一个小孔。这并不起作用——屏上的图样总是与电子通过的一瞬间两个小孔的状态（打开或关闭）相对应。我们可以尝试着偷看，"看"电子到底通过哪一个小孔。当等价的实验完成之后，结果更令人迷惑。假设有一个装置，它可以记录一下电子通过哪一个小孔，并让它自由地到达检测屏。这时电子的行为就像一个一般的、自尊的正常粒子。我们看到的总是一个电子通过这个或那个小孔，而不会是一个电子同时通过两个小孔。现在检测屏上的图样就和子弹的图样完全一样，没有相互作用的迹象。电子不仅仅知道两个孔是否都是打开的，而且还知道我们是否在观察它们，它们据此相应调整自己的行为。关于观察者和实验相互作用的问题，再也找不到更合适的例子了。当我们努力观察传播出去的电子波时，它坍塌为一个确定的粒子。然而当我们不观察的时候，它将保持其开放的选择性。根据玻恩的概率解释，我们的测量使电子在其一系列可能性中选择一种形式。它通过一个小孔的可能性是确定的，它通过另一个小孔的可能性同样大。可能性之间的相互作用导致我们检测屏上的衍射图样。然而，当我们检测一个电子的时候，它只能在一个地方，这就改变了它将来行为的概率图样，现在它通过哪一个小孔就是确定的。但是除非有人观测，自然界本身并不知道电子正在通过哪一个小孔。

坍塌的波

我们所看到的就是我们所捕捉到的。只有在实验背景下实验观察才是有效的，而不能用观察结果去说明我们没有观察时候的细节。你可能会说双孔实验指出我们正在处理的是波；同样，仅

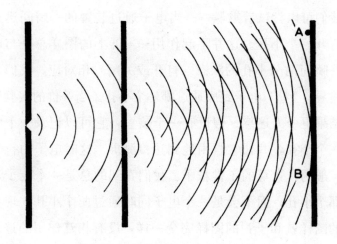

图 8.5　电子出现在 A 点或 B 点的波的行为规则

当我们观察 A 点或 B 点时，要么看到一个电子，要么看不到，
我们不能说出当电子通过装置时的"真实"行为。

仅通过察看检测屏上的花样，你就可以推断出装置上有两个孔，而不是一个。完整的情况是装置、电子和观察者都是整个实验的一部分。在不观察双孔的情况下我们不能说出电子是通过哪一个小孔（如果观察双孔的话，将是另一种实验）。一个电子离开电子枪到达检测屏，看起来它拥有的是整个实验设备的信息，包括观察者在内。就像费曼在 1965 年对他的 BBC 电视观众所解释的那样，如果你有一台装置能够说出电子将通过哪一个小孔，那么就可以说电子要么通过这个小孔，要么通过另一个小孔。如果你没有一台装置能确定电子通过的是哪一个孔，那么你就不能说电子要么通过这个孔，要么通过另一个孔。他宣布："在没有观察的时候去断言电子要么通过这个孔，要么通过另一个孔是错误的。"术语"稀奇古怪"已经成为一个使用得如此不当的词，以至于我对引入它都有些犹豫。然而找不到更合适的词来描述量子世界。这确实是稀奇古怪，在某种意义上部分和整体是相联系的。这并不是仅仅意味着实验设施的总和。在足够长的时间内，世界似乎保留着所有的选择性和所有的可能性。关于量子世界规范的哥本哈根解释最奇特的是观察一个系统这种行为本身促使了选择某一种选择，使可选的或可能的成为现实的。

在最简单的双孔实验中，可能性之间的相互作用可以解释为电子离开电子枪超出视野之后就立即消失了，从而被一系列鬼电子所取代。这些鬼电子通过不同的路径到达检测屏。这些鬼电子之间相互作用，当我们察看检测屏时，就会发现相互作用的迹象，即使我们一次只释放一个"真正的"电子也是这样，然而，这些鬼电子只能描述在我们没有进行观察时所发生的情况。当我们进行观察时，这些鬼电子就只剩下一个，其余的全部消失，剩余的这一个因而转化为一个真正的电子。根据薛定谔波动方程，每一个"鬼电子"相应于一个波，或者说一个波包。玻恩用这个波来测量概率。将一个鬼电子从一个潜在的电子列阵中具体化出来的观察都是等价的。根据波动力学，除了描述真正电子的那个波包之外的所有概率波全部消失，这称为"波函数的坍塌"。尽管有些荒诞，但它却是哥本哈根解释的核心，是量子调制术的基础。然而值得怀疑的是，很多物理学家、电子工程师，还有其他人，他们很满意地使用着量子调制术。他们发现这些规则在激光器和计算机设计、基因材料的研究方面是如此的可靠。这些规则只是依赖于如下一个假设：神秘的鬼粒子之间时刻都存在着相互作用，在观察过程中随着波函数的坍塌，凝聚为一个真正的粒子。更严重的是，只要我们一停止对电子的观察，不管我们正在观察什么，这个电子就立即劈裂成一个鬼粒子列阵，其中的每一个都沿着它们自己的概率路径通过量子世界。只要我们不进行观察，一切都是假的。只要我们一停止观察，它就不再是真的。

那些对量子调制术非常满意的人可能是由于他们对其中的数

学方程非常熟悉。费曼非常简洁地解释了量子的基本方法。在量子力学中，一个"事件"是一套初始条件和终止条件，不多也不少。一个电子从装置的一侧离开电子枪，到达小孔另一侧的一个特殊的检测器上，这就是一个事件。这个事件的概率由一个数的平方给定，这个数就是薛定谔波函数 φ。如果事件发生的方式不止一种（在实验过程中两个小孔都打开），那么任一个可能事件的概率（电子到达任一选定检测器上的概率）由 φ 的和的平方给定，并且存在相互作用。但是当我们做一次观察，看一下哪一种可能性实际发生（去看电子实际通过哪一个小孔）时，概率分布就仅仅是 φ 的平方的和，相互作用项消失了——波函数坍塌了。

对所有的物理学家来说，其中的物理可能是不熟悉的，然而其中的数学却是清晰、简洁、熟悉的。只要你不问其中含义就没有问题。然而如果问世界为什么应该是这个样子的，即使是费曼也不得不回答："我们不知道。"如果追根求底地询问物理图像的产生过程，你会发现所有的物理图像都融解于一个鬼的世界。在这个世界中，只有当我们进行观察的时候，粒子才看起来成为真实的。在这个世界中，即使是动量和位置这样的特性也仅仅是观察的一个人工制品。难怪一些著名的物理学家包括爱因斯坦在内，都花了几十年的时间来寻找量子力学的解释方法。他们的努力都失败了，这将在下一章中简单介绍。每一个企图否决量子力学哥本哈根解释的新的失败，都加固了概率的鬼世界图像的根基，都为超越量子力学铺好了路，都发展了综合的宇宙的一个新的图像。这个新图像的基础就是互补性概念的最终表述。然而在我们能看到它的含义之前只能抓住最后的一颗子弹。

互补性原理

广义相对论和量子力学通常被认为是 20 世纪理论物理学的两大成就。今天，物理学家们所梦寐以求的就是将这两个理论融合为一个大统一理论。他们的努力使人们对自然规律的认识更加深刻，这一点在下面将要看到。然而他们的努力似乎忽视了这样一个事实：在严格意义上世界上这两幅图像也许是不相容的。

早在 1927 年，在第一次对哥本哈根解释进行评注时，玻尔就强调了这两种理论之间的巨大差别：（广义相对论）是利用纯的时空协调和绝对的因果关系来描述世界；而在量子图像中，观察者和系统相互作用，并且是系统的一个部分。时空协调代表位置；因果关系依赖于对事情如何发展，特别是其动量如何变化的准确了解。经典理论假设人们能同时知道这两者；量子力学告诉我们，时空协调的精度是以动量的不确定性、进而是以因果关系的不确定性而为代价的。广义相对论是一种经典理论。在这个意义上，其对世界的基本描述，不能与量子力学相并列。当我们发现这两种理论相冲突时，我们必须将量子理论作为对我们所生活的这个世界的最好描述。

然而，我们所生活的这个世界究竟是什么呢？玻尔指出，只有一个"世界"的思想可能是个错误导向。他对双孔实验提供了另一种解释。当然，即使是在那个简单的实验中，电子或光子能够用来通过两个小孔之一的路径也有很多。为简单起见，我们假设只有两种可能，粒子通过 A 孔或者通过 B 孔。玻尔指出，我们可以认为每种可能代表一个不同的世界。在一个世界中，粒子通过 A 孔；在另一个世界中，粒子通过 B 孔。然而我们所生活的现实世界并不是这两种简单世界中的一种。我们的世界是这两个可能的世界的混合体。这两个可能的世界分别相应于粒子的两种路线，并且这两个世界之间存在着相互作用。当我们来察看粒子通过哪一个小孔时，就只剩下一个世界，因为我们已经排除了另一种可能性。在那种情形下两种世界之间没有相互作用。玻尔指出，根据量子方程，不仅仅是鬼电子，而是鬼现实。鬼世界仅仅存在于我们没有进行观察的时候。这个精心设计出来的简单例子不仅适用于由双孔实验连接起来的两个世界，而且适用于整个宇宙中每一个量子系统进行跃迁所对应的无数种鬼现实。它适用于每一种可能的粒子所对应的每一个可能的波函数，适用于狄拉克 q 数的每一个允许值。位于 A 孔处的电子知道 B 孔是否是打开的，由此推理，位于 A 孔处的电子实际上知道整个宇宙的量子态。这就不难理解如下事实：一些懂得其深刻含义的专家对哥本哈根解释进行了猛烈的攻击；而其他一些专家，也受到其含义的困惑，发现其解释是生硬的；还有数量不多的一般人，他们并没有刻意去理解其深刻含义。这后两种人，一直在满意地使用着量子调制术和坍塌的波函数来改变着我们生活的这个世界。

第九章

悖论和可能性

对哥本哈根解释的每一次攻击都加固了它的地位。当爱因斯坦那种水平层次的思想家们在努力寻找这个理论的毛病时，这个理论的捍卫者们却能够驳倒所有攻击者的论点。质问越多，理论变得越强大。从实用的意义上来说，哥本哈根解释肯定是对的，量子规则的任何更好的解释都必须包括哥本哈根解释，并把它作为一个实用性非常强的观点。这个观点使得实验工作者能够猜测出他们的实验结果，至少在统计的意义上是这样，使工程师们能够设计激光系统、计算机等等。没有必要再回顾那些曾招致持不同意见者驳斥的哥本哈根解释的基础性工作，这个工作已由别人完成了。然而，最需引起注意的、最重要的一点可能早在 1958 年已在海森伯的书《物理和哲学》中讲到了，海森伯强调指出，所有的不同意见都"被迫牺牲量子理论中非常重要的对称性（例如波和粒子之间的对称性或者位置和速度的对称性）。我们有很充分的理由假设这些对称性……是自然界的一个天才的特性，那么哥本哈根解释就是必然的，已完成的每一个实验都支持这个观点"。

本书后面将介绍哥本哈根解释的一个进展（不是一个反驳或不同意见）。这个进展仍然包含重要的对称性，是量子世界的一个

151

畅销的图像。因为这个新的图像是在 1958 年由美国的一位博士研究生提出的，难怪海森伯在他那年出版的书中没有提及这个进展。然而在我们继续讨论这些问题之前，追踪一下理论和实验之间的联系是必要的。截止到 1982 年，哥本哈根解释无疑已经成为量子世界的一个非常实用的观点。这个故事起始于爱因斯坦，50 多年之后，终止于巴黎的物理学实验室。这是科学史上的一件大事。

匣子里的钟表

玻尔和爱因斯坦之间关于量子理论解释的大争论开始于 1927年第 15 次索尔菲研讨会，一直持续到 1955 年爱因斯坦逝世。爱因斯坦也与玻恩通信讨论过这个问题。从《玻恩－爱因斯坦书信集》中可以发现一点争论的火焰。其争论的焦点集中在关于哥本哈根解释预测性的一系列理想实验上——这不是在实验室中完成的真正实验，而是"思想实验"。过程是这样的：爱因斯坦设法想出一个实验，这个实验在理论上可以同时测量两个互补的量，位置和粒子质量，或者在精确的时间测量精确的能量，等等。而玻尔和玻恩，则试图证明爱因斯坦的思想实验并不能按要求的方式实现。"匣子里的钟表"这个实验将有助于说明他们之间争论的情况。

爱因斯坦说，存在一只匣子，在其一侧壁上有一个孔。这个孔被一个可以打开和关闭的挡板所遮盖。挡板的开、关，受匣子里的钟表所控制。除了钟表和开关机制外，匣子里充满辐射。这套装置使得钟表在某一精确的、预先设定的时刻将挡板打开，让一个光子在其重新关上之前跑出去。现在称一下匣子的重量，等光子跑出去之后，再称一下。因为质量和能量是联系在一起的，所以两次的重量差可以告诉我们跑出去的光子的能量。从原则上

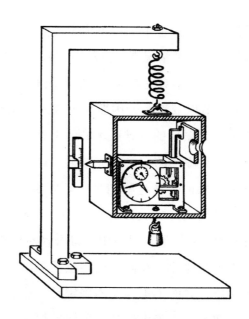

图 9.1 "匣子里的钟表"实验

实验所需的条件（重量、弹簧等）总是不可能同时排
除能量和时间上的不确定性。

讲，我们可以精确地知道光子的能量，以及它通过小孔的精确的
时间，从而驳斥了不确定关系。

在这些争论中，玻尔总是仔细察看测量进行的实际细节，从
而获胜。因为在重力场当中，需要测量匣子的重量，所以需要用
一根弹簧把匣子吊起来。正如爱因斯坦在广义相对论中所指出的
那样，钟表的运行速率依赖于它在重力场中的位置。但是当光子
跑出去之后钟表运动了，一是因为匣子的重量减轻了，从而弹簧
收缩了；二是因为光子逃出去而导致的反冲。由于其位置可以改
变，从而它在重力场的位置就存在一个不确定性，所以钟表的运
行速率就存在一个不确定性，即使你是通过往匣子中增添一个小
的重物以使弹簧回到它的初始位置，而测量这个额外的重量来确

定逃跑的光子的能量，你也不能将不确定性降低至海森伯关系所允许的极限以下。在这种情况下，$\triangle E \triangle t > \hbar$。通过综合考虑，玻尔是特意用爱因斯坦的相对论方程来反驳爱因斯坦自己的观点。

这次争论的细节以及涉及爱因斯坦－玻尔争论的其他思想实验可以在亚伯拉罕·派斯的《难以琢磨的上帝》中找到。派斯强调指出，玻尔主张对虚构的实验作完整的、详细的描述，而没有什么东西是空想出来的。在这种情形下，固定平衡框架的螺栓、用来测量质量所必须允许匣子移动的弹簧、必须添上去的小的重量，等等，所有的实验结果不得不用经典语言即日常语言来描述，测量的工具也必须具体化。我们可以将匣子牢牢地固定在那个位置，以至于在其位置方面不再存在不确定性，然而那将不能测量质量的改变。出现量子不确定性这一困境的原因是：我们在努力用日常语言来表述量子思想，这就是玻尔强调实验中的螺母和螺栓的原因。

"EPR 悖论"

爱因斯坦接受了玻尔关于这个或其他思想实验的批评。等到20世纪30年代早期，他已转向对量子规则的一种新的思想实验。这种新方法背后的基本思想就是使用一个粒子的实验信息去推断另一个粒子的特性，例如位置和动量。这一轮争论在爱因斯坦的有生之年没能解决，不过争论现在已经成功地接受了这个检验。这个检验不是通过一个改进的思想实验，而是通过实验室中的一个真正的实验来实现的。又一次，玻尔胜了，爱因斯坦败了。

在20世纪30年代早期，爱因斯坦的个人生活陷入了混乱之中。由于害怕发生在纳粹地区的迫害而不得不离开德国。到1935

年他在普林斯顿安顿了下来。在 1936 年 12 月，他的第二任妻子，艾萨由于长期的疾病而去世。在所有这些困境之余，他还继续为量子理论的解释而困惑。他关注玻尔的辩论，在他的内心深处他并没有被说服：这个具有内禀不确定性又缺乏严格因果关系的哥本哈根解释怎么能够成为现实世界最终、最有效的描述呢？在《量子力学的哲学》一书中，麦克斯·詹默已经非常详尽地描述了各种纠缠的细节和在那个时候爱因斯坦关于这个问题的思想转变。在 1934 年到 1935 年期间，几条思路聚集到了一起。当时在普林斯顿的爱因斯坦正在和玻利斯·波多斯基以及内森·罗森一起写一篇文章。这篇文章中提出了著名的 "EPR" 悖论。尽管它描述的实际上并不是一个真正的悖论。[①]

爱因斯坦及其合作者的论点是哥本哈根解释是不完备的——在时钟机构的背后确定存在着某些规律，它们使宇宙向前运转，仅仅是通过统计变化在量子水平上给出不确定性和不可预测性的表面现象。根据这个观点，存在一个客观的世界、一个粒子的世界，在这个世界中粒子同时具有精确的动量和位置，即使你没有观察到它们，也是如此。

爱因斯坦、波多斯基和罗森说：假设有两个粒子，它们之间存在相互作用，它们分离后没有和其他任何东西相互作用，直到实验工作者决定去研究其中的某一个。每个粒子都具有自己确定的动量，每一个都位于空间中的某个位置。即使是在量子理论的规则之内，在它们相互靠近的时候，我们也可以精确地测量两个粒子的总动量和它们之间的距离。过一段较长的时间，当我们决

---

① 见爱因斯坦、波多斯基和罗森，"物理世界的量子力学描述是完备的吗？"《物理详论》第 47 卷，第 777—780 页，1935 年。这篇文章被收录在 1970 年 S. 托尔敏、哈勃和罗主编的预印本汇编《物理世界》中。

定去测量一个粒子的动量时，自然会知道另一个粒子的动量应该是多少，因为其总量应该保持不变。测定了它的动量之后，我们现在可以精确地测量同一粒子的精确位置。这个测量会影响这个粒子的动量，但是（可以想到）不会影响位于远处的对中的另一个粒子的动量。如果知道它的动量和粒子的原始间隔，那么通过测量位置，我们就能够推算出另一个粒子目前的位置，所以我们已经同时推算出了远处粒子的位置和动量，而违背了测不准原理。或者说，我们在这里对一个粒子进行测量，结果影响了它在别处的伙伴，似乎存在着穿越时空的瞬时"信息"，或称其为"作用距离"，这就违背了因果律。

EPR 文章断言，如果你接受了哥本哈根解释，那么它使得第二个系统的位置和动量依赖于对第一个系统的测量过程。其实这个测量过程对第二个系统没有任何影响。客观的世界没有理由允许这种依赖性。[①] 这就是这个小组以及它的大多数同事与所有的哥本哈根学派所以产生分歧的地方。没有人不同意这个论断的逻辑性，但是他们确实不同意对世界所做的"合理"的定义。玻尔和他的同事应该生活在这样一个世界当中，即第二个粒子的位置和动量没有什么客观的意义，不管你对第一个粒子做了些什么。必须在客观世界和量子世界之间做出一个选择，这是毫无疑问的。有少数人坚持认为，如果要在这两种世界之间做选择的话，将倾向于选择客观世界，而拒绝哥本哈根解释。爱因斯坦就是这少数人中的一个。

但是爱因斯坦是个诚实的人，他时刻准备着接受合理的实验证据。如果他能够活到后来的实验证据出现的话，他肯定会被说服，并承认 EPR 效应是错误的。在我们对宇宙所做的基本描述当

---

① 被 A. 派斯引用，参见《难以琢磨的上帝》，第 456 页。

中客观世界是没有任何位置的，作用距离、反因果律却确实存在这样一个位置。对这个问题的实验验证非常重要，需要用完整的一章来描述。然而出于完备性的考虑，我们首先应该看一下量子规则内禀的其他一些出现悖论的可能性——沿时间负方向运动的粒子，最后再看一下薛定谔那个著名的半死的猫。

时间旅行

物理学家们经常在纸上或黑板上用一种简单的方式来代表粒子在空间和时间中的运动。这种思想是在纸上按从下往上的方向来代表时间流，用曲线代表粒子的运动。在这种方法中，三维被压缩成为一个，但是这样产生的图样对那些处理过图形的人是非常熟悉的。其中"Y"轴相应于时间，"X"轴相应于空间。在相对论中，这些时空相图首先作为现代物理学的一个有用的工具而出现。这种相图可以用几何方式来表示爱因斯坦方程中的许多奇异性，这种方式有时更加容易操作，更加容易理解。这种相图于20世纪40年代由理查德·费曼引入粒子物理学中，在这种背景下通常称为"费曼相图"。在粒子的量子世界中，可以用动量和能量的描述来代替这种空间和时间表示法。这在处理粒子之间的碰撞时更为方便。但是在这里我将坚持使用简单的时空表示法。

在费曼相图中，电子的轨迹用一条线来表示。位置一点不动的电子用一条竖直向上的直线来表示，相应于仅仅时间在流动；随着时间缓慢改变其位置的电子用一条与竖直方向成一小的倾角并沿其向上的直线来表示；快速运动的电子用一条沿较大倾角向上的直线来表示。在空间中的运动可以沿向左或向右两种方向之一。如果电子与另一粒子发生碰撞反射，那么表示电子运动的线

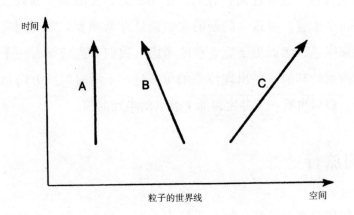

图 9.2　可以用"世界线"来表示粒子随时间在空间中的运动。

就可能是锯齿形的。然而，在日常生活的世界中，或者在相对论的简单时空相图中，我们并不期望出现世界线反转指向纸的下方的情形，因为这相应于沿时间负方向的运动。

　　仍然用电子作为例子，我们可以用简单的费曼相图来表示这样一个过程：一个电子在空间和时间中运动，与一个光子碰撞后，改变其运动方向，然后释放出一个光子，沿另一个方向进行反冲。在粒子行为的这种描述中光子是非常重要的，因为它携带着电子力。因为同性电荷相互排斥，所以当两个电子相互靠近时，它们相互排斥而又离开。在这种情形的费曼图中，可以看到两条世界线相汇聚，然后一个电子释放出一个光子（电子反冲离去），并被另一个电子所吸收（这个电子被推向另一个方向）。[①] 光子是电场的携带者。然而它们不仅如此。狄拉克证明一个能量足够高的光子能够在真空中激发出一个电子和一个正电子，将其能量转化为

---

　　① 当然这是一个大大简化的图像。我们应该想到电子对相互作用时交换许多光子。同样，在下文中我谈到"一个光子"产生多个正电子/电子对时，应该想到在实际过程中我们处理的并不只是一个光子，而可能是一对 γ 光子的碰撞，甚至是更复杂的情况。

158

两者的质量。正电子（负能电子"空穴"）的寿命很短，因为很快就会遇到另一个电子而湮灭，同时释放出其能量。为简单起见，我们用一个光子来表示释放出的能量。

这整个的相互作用过程可以用费曼图非常简单地表示出来。一个在空间和时间中运动的光子能够产生一个电子/正电子对；电子继续运动；正电子遇到另一个电子而消失，并产生另一个光子。然而在1949年费曼戏剧性地发现，在费曼相图中，正电子沿时间正方向运动的时空描述精确地等价于电子在同样路径上沿时间负方向运动的时空描述。另外，因为光子是其自身的反粒子，所以光子沿时间正向和负向运动的描述没有什么不同。出于实用性的目的，我们可以将相图中光子径迹上的箭头去掉，并且将正电子轨迹上的箭头倒转来描述电子。现在同一个费曼图告诉我们两个不同的过程。一个电子在空间和时间中运动，遇到一个光子，吸收了它并且沿时间负方向被散射，直到它释放出一个光子而受到反冲从而又沿时间正方向运动。不用三个粒子——两个电子和一个正电子——在作复杂的运动，而只用一个粒子——一个在空间和时间中作锯齿形运动的电子——在其运动过程中，在这里和那里与光子发生碰撞，就可以描述这个过程。

根据相图的几何性质可以看出，在以上两种情形之间存在着一种明显的相似性：一种情形是一个电子吸收一个低能光子后，轻微地改变其路径，然后释放一个光子，再次改变其方向；另一种情形是这个电子与光子相互作用而受到剧烈地散射，以至于其寿命中的一部分是沿时间负方向运动的。在这两种情形，相图都是由一条锯齿线构成，即三条直线段加上两个拐角。其中的不同仅仅在于第二种情形的拐角要比第一种情形的更尖锐。约翰·惠勒首先发现这两种锯齿图形代表同一种事件；费曼从数学上严格证明了这两种事件的等同性。

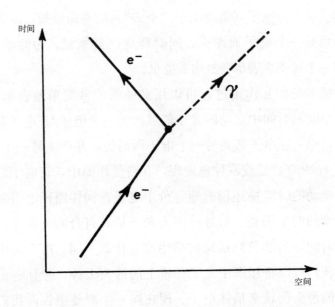

图 9.3　运动的电子释放一个光子（ν 射线）后以一个角度反冲运动。

　　在这里，实际需要接受的东西比初看起来要接受的多得多。所以让我们放慢速度，一点一点地说明。

　　首先，我在以前的评论中曾提到过光子是其自身的反粒子，所以我们可以将光子轨迹上的箭头去掉。一个光子沿时间正向运动与一个反光子沿时间负向运动是等价的，那么反光子就是光子，所以一个光子沿时间正向运动与沿时间负向运动是相同的。你感到奇怪吗？确实是奇怪。与其他事情不同，这意味着当我们看到处于激发态的一个原子释放出能量落入基态时，我们也可以说电磁能量沿时间负方向运动导致原子回落到基态这样一个反转。这想起来有些小花招，因为我们现在谈论的不是一个光子沿直线在空间中的传播，而是一个波包在原子周围的所有方向上的传播，是一个正在膨胀着的电磁能的球壳，在传播过程中变形和被散射。将这个图像倒过来产生这样一个宇宙：一个中心位于选定原子上的完整的球形波包，产生于一系列散射过程，这些散射过程集中收敛到那个特定原子上。

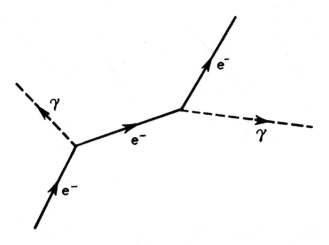

图 9.4　有两次与光子相互作用的电子运动。

我不想沿着这样一条思路讲得太深，因为它会使我们偏离量子理论而进入宇宙学。但是它对于我们对时间的理解和对为什么我们看到的时间只沿一个方向流动的理解，确实具有很深的意义。非常简单，现在一个原子发出的辐射将被另一个原子所吸收。这仅仅是可能的，因为绝大多数其他原子都处于基态，这意味着宇宙的将来是冷的。我们所看到的时间流的非对称性，是宇宙的更冷和更热两个时代之间的非对称性。如果宇宙正在膨胀的话，则更容易趋向于冷却，因为膨胀本身产生一个变冷的效应，我们确实生活在一个膨胀的宇宙当中。所以正如我们所看到的，时间的特性最终与宇宙膨胀的特性发生了联系。①

①　在 1977 年牛津大学出版社的 Jayant Narliker 所著的《世界的结构》一书第六章中，用清楚的、非数学的语言对这些思想进行了详细的阐述。保罗·戴维斯在《现代宇宙的空间和时间》（剑桥大学出版社，1977 年）中，对这些思想进行了更详细的描述。在 J. N. 艾斯拉《宇宙的最终命运》（剑桥大学出版社，1983 年）中，可以找到一些数学上的证明。

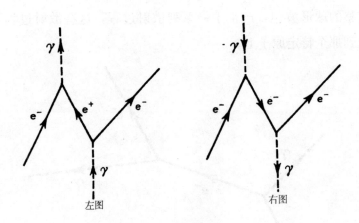

图 9.5　等价的图

在左图中，一个 ν 光子产生一个电子/正电子对，正电子又遇到另一个电子而湮灭并产生另一个光子；

在右图中，一个电子两次与光子相互作用在时空中作锯齿运动，就像在图 9.4 中那样；

这个过程是电子寿命的一部分，在数学上这两个图是等价的。

爱因斯坦的时间

一个光子它是如何"看待"时间之箭的呢？相对论告诉我们，运动的时钟要变慢。当它们逐渐接近光速的时候，时钟变得越来越慢，最后停了下来。确实，在以光速运动时，时间是静止的，时钟的运动是停止的。一个光子自然是以光速传播，这意味着对于一个光子来说时间是没有意义的。从一颗遥远的星球发射出来的光子在到达地球的过程中，用地球上的时钟来测量，它用的时间是数千年。然而对于这个光子本身来说，根本没有花任何时间。根据我们的观点，宇宙背景辐射中的一个光子，从产生宇宙的大爆炸开始，已在空中飞行了 150 亿年，然而对于光子本身来说，大

162

爆炸时刻和我们现在是同一时刻。费曼图中光子径迹上没有箭头，不仅仅是因为光子是其自身的反粒子，而且是因为对光子来说穿越时间的运动是没有什么意义的——这就是它是自己的反粒子的原因。

那些企图将东方哲学和现代物理等同起来的神秘主义者和普及者们看起来忽视了这一点——宇宙中的万物，过去、现在和将来都通过一张电磁辐射网与其他万物相联系，这张电磁辐射网能同时看到万物。由于光子可以产生和被破坏，所以这张网是不完备的。但是现实情况是，时空中的一条光子路径可能连接了我的眼睛和北极星。从星体到我的眼睛的光子运行路径，只是我视觉上的感知，时间并没有流动。另外一个同样有效的观点是将路径看作一个永久的特性。围绕着这些特性，宇宙在变。在宇宙的那些变化当中，发生的事情之一就是我的眼睛和北极星在路径的两端。

费曼图之中其他粒子的路径是怎样的呢？它们的"真面目"如何？对于它们，我们能作同样的解释。假设存在一张费曼图，包含了所有的空间和时间，上面画出了所有粒子的径迹。假设图中存在一条狭缝，在这条狭缝中只允许有限的时间流过。将这条狭缝平稳地移向纸的上方，通过这个狭缝，我们看到一个连续变化的全景图：相互作用着的粒子的运动，粒子对的产生和湮灭，以及更复杂的事件。尽管我们所做的一切，就是扫描固定在时空中的事件。是我们的知觉在动，而不是现实在变。因为我们被锁定在一个平稳运动的狭缝当中，我们看到的是一个正电子沿时间正方向的运动，而不是一个电子沿时间负方向的运动，但是两者解释同样的现实。约翰·惠勒已经走得更远。他指出，我们可以想象宇宙中的所有电子都被相互作用联系着，从而构成了时空中非常复杂的锯齿形路径，这些路径向前和向后。这就是导致费曼

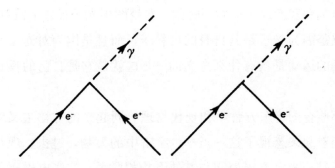

图 9.6　通常一个粒子/反粒子对的湮灭可以描述为一次剧烈的散射，散射非常强烈可使得粒子沿负时间方向运动。

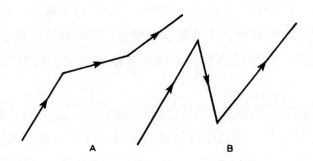

图 9.7　理查德·费曼证明了具有两次转折的时空相同，在数字上是等价的。

的决定性工作的原始灵感的部分内容。这一工作是这样一幅图像："唯一的一个电子在时间编织机上来回穿梭、来回穿梭、来回穿梭，编织出丰富的花毯。这张花毯上可能包含了世界上所有的电子和正电子。"① 在这样一种图像中，宇宙中各处的每一个电子都仅仅是真正电子的世界线的一个不同的片断。

————————

① 出自本耐斯·霍夫曼的《星子的奇怪故事》（派里肯主编，1963 年）第 217 页。这段引文是以惠勒自己的解释为基础的。

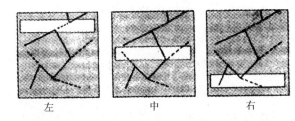

左　　　　　中　　　　　右

图 9.8　如果所有粒子的径迹都以某种方式固定在某一时空上，那么我们将看到运动和相互作用的幻觉，就像我们的知觉随着时间从现在向将来移动一样。难道粒子的运动仅仅是我们对时间流动的幻觉吗？

　　那个思想在我们的宇宙当中并不奏效。为了使它奏效，你将期望发现如下情形：世界线逆片断的数目、正电子的数目与正片断的数目、电子的数目是相同的。我们观念中现实固定的思想仅有的改变也许并不能在这简单的水平上奏效，它如何与测不准原理相符合呢？[①] 与日常生活经验相比，如果将这些思想合在一起，那么我们就会获得对时间特性的更好的理解。日常世界中的时间流是一个统计效应，这主要是由于宇宙的膨胀，从而由一个较热的状态向一个较冷的状态演化。但即使是在那个水平上，相对性方程也允许时间旅行，这个概念可以通过时空相图很容易地加以理解。[②]

　　在空间中的运动方向可以是任意的，并且可以返回。在日常世界中时间的运动只能朝着一个特定的方向，这些看起来都在一

---

　　① 与我在这个简单的探索中所表明的相比，费曼确实走得更远。他发展了一套处理世界线包括概率的方法，从而产生了量子力学的一个新的版本。不久以后弗里曼·戴逊就证明这个版本的结果与理论的原始版本精确地等价，但它与后者相比，正被证明是一个更强有力的数学工具。

　　② 在格里宾所著《空间扭曲》一书中，更加详细地阐述了相对论对于我们理解宇宙和时间旅行的意义。

个特定的水平上发生。很难想象出四维的空间——时间图像，其中任两个方向相互成直角，但是我们可以撇开一个方向，想一下它应用到三维中的一维时，这个严格的规则意味着什么。这就好像我们只能向上或向下运动，向前或者向后运动。但是横向运动受到限制：只能向左，也就是说向右的运动是被禁止的。如果我们在孩子们的游戏当中引入这样一条中心规则，然后告诉一个孩子，找一条路到右手边（"时间的反方向"）去领奖品，那么这个小孩用不了多久就会找到一条路，从而走出圈套。非常简单，只需要转过去面对另一条路，将左换成右，通过向左运动而到达奖品处。同样，假设你是躺在地板上，奖品就在头的上方。在你重新站起来作为旁观者之前，你可以向上去抓奖品，然后回到原始位置。① 相对论所允许的时间旅行技巧是非常相似的。它涉及空间——时间结构的变形，以至于在空间——时间的局部区域，时间轴指向一个方向，这个方向等价于空间——时间未变形区域中三个空间方向中的一个；其他任一个空间方向处于时间的地位。通过互换时空的装置产生一个真正的时间旅行，一开始在那里，后来又回来了。

美国数学家弗兰克·提普勒（Frank Tipler）已经通过计算证明了这种技巧在理论上是可行的。时空可能会由于很强的引力场而变形。提普勒的假想时间机器是一个非常大的圆筒，容纳的物质相当于将我们的太阳挤压到一个半径为 10 公里、长 100 公里的体积之中，密度与原子核相当，每毫秒旋转两次，围绕着它将空间—时间织物拉开。圆筒表面的转速为光速的一半。这是连最疯

---

① 我分别在几个孩子和成年人中尝试过。大约有一半的孩子发现了技巧，然而成年人中却没有几个能够发现。那些没有发现技巧的人埋怨说这是欺骗。事实上，根据爱因斯坦方程，自然本身无非就是这种欺骗。

狂的发明家都不可能在其后院中建立起来的东西，问题是我们所知道的物理定律却允许这样的东西存在。宇宙中甚至存在这样的物体，它具有太阳的质量、原子核的密度，每 1.5 毫秒自旋一次，仅是提普勒的时间的 1/3。这就是 1982 年发现的所谓"毫秒脉冲量"。这个物体极可能不是圆柱体的——这种快速的旋转肯定将其展平为薄煎饼形。即使如此，在其邻域时空肯定会发生某些非常奇特的变形。"真正的"时间旅行并不是完全不可能的，只是非常困难，可能性非常小而已。这些变形可能使时空成为一个非常大的劈形，其边缘非常之薄。这使得在量子水平上时间旅行的正常状态是可以接受的。无论是量子理论还是相对论，都允许某种时间旅行。两种理论都能接受任何东西，不管它们看起来是如何的不可思议，对此，都必须认真地加以考虑。事实上，时间旅行是粒子世界奇怪性质中的一个组成部分。在粒子世界中，只要速度足够快，你甚至可以做到"无中生有"。

无中生有

在 1935 年，日本大阪大学 28 岁的物理学讲师汤川秀树对如下现象提出了一个解释：尽管原子核中正电荷之间的电场力将倾向于使原子核拆散，但是实际上原子核中的中子和质子仍能够聚集在一起。显然，必定存在另外一种更强的力，它能克服相应情况下的电场力。电场力是由光子来携带的。汤川秀树指出，这个强的核力也必定由某种粒子所携带。他将这种粒子称为"介子"，通过将量子规则应用到核中来计算其质量（其质量介于电子和质子之间，故称为"介子"）。像光子一样，介子是玻色子，但其自旋为一个单位，而不是零。与光子不同的是，其寿命非常短，这就是

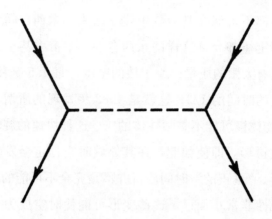

图 9.9　在费曼图中，两个粒子通过第三个粒子进
行相互作用，这可能是两个电子通过交换光子产生
相互排斥作用。

在核外只有在特定条件下才能够看到它们的原因。随后，发现了
一系列介子。不太像汤川秀树所预测的，但足以证明与通过交换
光子来传递电场力相类似，核粒子通过交换介子来传递强核力的
思想是有效的。汤川秀树于 1949 年获得了诺贝尔奖。

　　以上证实了核力、电场力都可以认为是粒子间的相互作用，
这一思想是当今世界物理观点的基石。现在认为，所有的力都是
相互作用。但是这些携带相互作用的粒子是从何而来的呢？根据
测不准原理，它们没有来源，是无中生有。

　　测不准原理适用于时间和能量的互补特性，以及位置和动量
的互补特性。在粒子水平上，一个事件所涉及的能量方面的不确
定性越小，那么关于这个事件的时间方向的不确定性就越大，反
之亦然。一个电子不是孤立存在的，因为在足够短的时间内，它
可以从不确定关系中借用能量，并用它去产生一个光子。其中隐
含的问题是，一旦一个光子被产生，它几乎立即被这个电子所吸
收，以至于宏观世界观察不到这个瞬时的能量不守恒。光子存在

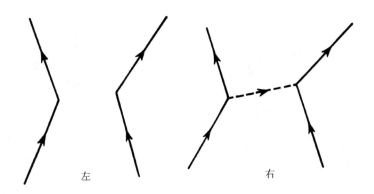

左　　　　　　　　　　右

图 9.10 "超距作用"（左）的旧思想被力是由粒子来传递的思想所代替。

的时间非常短，少于 10^{-15} 秒，但是它们一直在电子周围不断地跳进和跳出，这就好像是在每个电子周围都存在着一个"真正"的光子云。只需从外部借一点点能量，或者一个很小的推动力，它就可以逃逸出来，并成为真正的光子。当原子中的一个电子从激发态落入一个较低的状态时，将其多余的能量传递给一个光子，使其自由地飞出去。捕获下一个自由光子的电子吸收能量。同样的过程使核子胶合在一起。

　　粗略地讲，质量和能量是可相互转化的，力"程"与起胶合作用的粒子的质量成反比；如果涉及的粒子不止一个，那么力"程"与最轻的粒子的质量成反比。因为光子的质量为零，所以从理论上讲电磁力的力程是无穷远，尽管在距离带电粒子无穷远的地方，电磁力变得无穷小。强核力的力程表明，汤川秀树假设的这种介子具有非常小的力程，它的质量肯定介于电子质量的 200 倍到 300 倍之间。当粒子运动时，介子是大量的。1946 年在宇宙射线中发现了这种涉及非常强的核力的特殊介子，称它们为 π 介子。中性 π 介子的质量是电子质量的 264 倍，带正电和负电的 π 介子的质量都是电子质量的 273 倍。换句话说，它们的质量大约是质子质

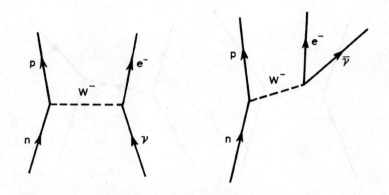

图 9.11　一个粒子作用的两种方式

仅仅将一个入射的中微子改变成一个出射的反中微子，这是中子转变
为质子、电子和中微子的 β 衰变过程。

量的七分之一。然而核中的两个质子通过不断地相互交换 π 介子
而聚集在一起。π 介子的质量与质子的质量有一个合适的比例，在
这个过程中，质子自身的质量并不减小。这仅仅是因为质子可以
利用测不准原理。一个 π 介子产生、运行到另一个质子，然后消
失，所有这些都发生在测不准原理所允许的、宇宙正在眨眼而
"没有看"的瞬间。只有当质子和中子即核子靠得非常近的时候，
或者用一句不太合适的日常用语来说，只有当它们相互"接触"
的时候，它们之间才可能交换介子。否则，真正的 π 介子就不能够
通过测不准原理所允许的时间缝隙。所以这个模型很清晰地解释
了为什么这么强的核相互作用对核外的核子没有影响，但却对核
内的核子具有非常强的作用。①

　　电子活动范围的中心是电子本身，和电子相比，质子活动范

① 实际上，汤川秀树是用另一种方法来进行计算的。因为它知道强核力的力程，所以
他可以对核子间相互作用时间的不确定性加以限制。这反过来使他大体上知道了传递相互
作用的粒子的能量或质量。

围的中心更是质子本身。在空间（和时间）中运行时，一个自由的质子不断地发射和吸收真正的光子和介子。看待这个现象还有另外一种方法。假设一个质子仅仅发射一个 π 介子，然后又吸收它，很简单，但可以换个方式来看这个问题：最初只有一个质子，然后有了一个质子和一个 π 介子，最后又只有一个质子。因为质子是不易观察的粒子，所以我们完全可以说最初的质子消失了。释放出其能量，再加上从测不准原理借来的一点能量，产生了一个 π 介子和一个新的质子。很快，这两个粒子相碰撞而消失，并产生第三个质子，从而使宇宙中的能量恢复守恒。然而，为什么就此止步呢？

那么，原始的质子为什么不能释放出其能量，再加上一点，从而产生一个中子和一个带正电的 π 介子呢？是的。那么为什么一个质子不能与一个中子交换这个带正电的 π 介子，从而成为一个中子，而中子变成为质子呢？这也是可能的。这就好像是中子"转变成"质子和带负电的 π 介子的逆过程一样，是可能的。

既然没有理由就此止步，那么现在的情况开始变得复杂化了。类似地，在恢复正常的很短时间内，一个 π 介子可以转变为一个中子和一个反质子，这个过程甚至可以发生在虚的 π 介子上。这个 π 介子自身是质子和中子费曼图的一个部分。一个安静地运行中的质子，可以炸成为相互作用着的嗡嗡响的虚粒子网络，随后衰减回复到其自身。所有的粒子都可以视为参与"宇宙舞蹈的"其他粒子的团体。事情还没有结束。到目前为止，我们还没有做到"无中生有"，尽管我们已经"以少生多"。现在，让我们继续讨论下去。

如果说在足够短的时间之内，粒子的可用能量具有内禀的不确定性，那么我们就可以说：在极短的时间之内，粒子的存在与否也具有内禀的不确定性。假设遵守一定的规则，例如电荷守恒

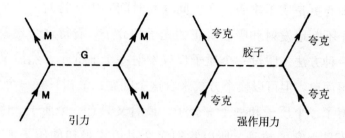

图 9.12　所有的基本力都可表示为粒子间的相互作用

　　在这些例子中，两个大粒子通过交换引力子而相互作用，两个
夸克通过交换胶子而相互作用。

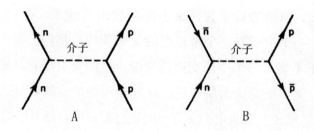

图 9.13　力的概念和粒子的概念是不可区分的

　　像通常一样，这些图中的时间方向是任意给定的：在情
形 A 中，一个中微了和一个质子均沿纸面向上，它们通过交
换介子相互作用；在情形 B 中，一个中子和一反中子沿纸
面从左向右运动，它们相遇并湮灭，产生一个介子，随后介
子又衰变成质子/反质子对；这种"相互作用"表明力的概
念和粒子的概念是不可区分的。

和粒子、反粒子数之间的平衡，那么就没有理由阻止整车的粒子
"无中生有"地出现，随后又相互复合而消失。这一切均发生在大
宇宙意识到这个偏差之前。如果能够消失得足够快的话，那么一
个电子和一个正电子可能会"无中生有"地产生；这个规则同样

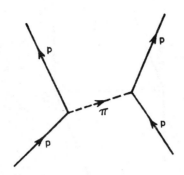

图 9.14　两个质子通过交换 π 介
子而相互排斥。

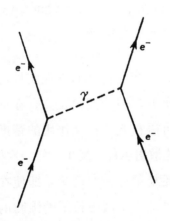

图 9.15　两个电子通过交换光子而相互作用。

适用于一个质子和一个反质子。严格地讲，只有在质子的帮助下
电子才能完成这种花招。在介子的帮助下，质子提供所需要的
"散射"。一个并不存在的光子产生一个正电子/电子对，然后它们
湮灭并产生最初产生它们的光子——记着，光子并不知道将来与
过去的不同。同样，可以认为一个电子在时间的旋涡中追赶着自
己的尾巴。首先它出现了，从真空当中跳了出来，就像兔子从魔
帽中蹦了出来一样。它会沿时间正方向运行一段很短的距离。一

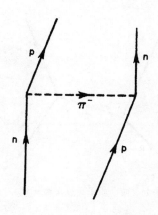

图 9.16

在一个带电的 π 介子的帮助下，一个
中子通过与一个质子相互作用而变成
了质子，同时质子变成了中子。

且它发现自己的错误，知道自己的不现实性，就会转而朝其来的
地方运动，沿时间负方向回到其出发点。在那里，它又改变了方
向，所以这个循环可以在光子相互作用的帮助下继续下去。光子
相互作用是一个高能散射事件，发生在每一次循环的"终点"。

根据最新的描述粒子行为的理论，即使在没有"虚"粒子存
在的情况下，真空也是一个假想粒子的沸腾的集体。这不仅仅是
在拼凑方程。不允许这些真空涨落效应的存在，我们就不能得出
有关粒子散射问题的正确答案。这就是这个理论正确性的强有力
的证据——直接基于不确定关系。虚拟粒子、真空涨落和其余的
量子理论，它们与波粒二象性、测不准原理、超距作用一样是真
实的。在这样一个世界中，将薛定谔的猫称之为"悖论"，这看起
来是不公平的。

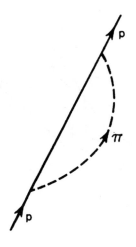

图 9.17

一个质子也能产生一个"虚"π介
子，不过它得能迅速地吸收。

薛定谔的猫

　　著名的猫悖论最初发表于 1935 年（《*Naturwissenschaften*》
第 23 卷 812 页），与 EPR 文章是在同一年。爱因斯坦将薛定谔的
意见看作是证明"对波动的描述是不完备的"的"最佳途径"。[①]
猫悖论和 EPR 观点在今天的量子理论中还经常讨论着。然而，与
EPR 论断所不同的是，猫悖论还没有解决到使大家都满意的程度。

　　这个思想实验背后的概念是很简单的。薛定谔提议，我们可
以设想，在一个匣子中存在一个辐射源、一个用来记录辐射粒子
的检测器（可能是一个盖革计数器）、一瓶毒药例如氰化物和一只
活猫。匣子中的装置使得检测器的打开时间仅足以使辐射材料中

---

　　① 作为例子，参见薛定谔的《波动力学书信集》第 16～18 封。

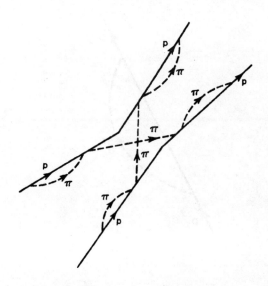

图 9.18 两个质子之间通过交换 π 介子相互排斥。
（此图比图 9.14 更加复杂）

的一个原子有百分之五十的机会发生衰变，同时检测器将记录下这个粒子。如果检测器确实记录下一个这样的事件，那么玻璃瓶将破碎，因而猫将死去；否则，猫将活着。在我们打开匣子进行察看之前，是没有办法知道实验结果的。辐射衰变的发生完全是偶然的，除了在统计的意义上之外是不可预测的。根据严格的哥本哈根解释，就像在双孔实验中电子通过两孔中的哪一个孔的概率相同一样，这两种可能性的重叠将产生一个态的"叠加"。所以在这种情形下，辐射衰变与否具有相等的概率，从而产生一个态的叠加。这整个实验，猫和所有的一切，都受这样一个规则所支配：只有当我们观察这个实验的时候，叠加才是"真的"，只有在观察的一瞬间，波函数才坍塌为其中一个态。在我们向里面观察之前，辐射样品既是衰变的，又是不衰变的；毒药瓶既不被打破，又被打破；猫既是死的，又是活的；既不是活的，也不是死的。

176

　　想象一个基本粒子，例如电子既不在这里又不在那里，而是以一定概率在空间分布着的，这是可以理解的。然而难以想象的是一个非常熟悉的事物，像猫处于这种形式的假死状态。薛定谔构想这个例子是为了说明在严格的哥本哈根解释中存在着瑕疵，因为很显然这只猫不可能同时既是活的，又是死的。但是，这种情形相比如下的"事实"——一个电子不可能同时既是粒子又是波——更加"显然"吗？常识已经作为量子世界的向导接受了检验，这也是所希望的。对于量子世界，不要相信我们的常识，而要相信我们直接看到的或者用实验设备准确检测到的，对于这一点我们是有把握的。如果不进行观察，我们就不知道匣子中发生了什么。

　　关于匣子猫的讨论已经持续了 50 年。一派认为这是不成问题的，因为猫完全可以确定它自己是活的还是死的。猫的意识足以使波函数坍塌。在那种情形下，你从何谈起呢？一只蚂蚁或一个细菌能知道所发生的一切吗？换个角度来考虑，既然这仅仅是个思想实验，那么我们就可以假想用一个人来代替匣子中的猫（这个人有时称为维格纳的朋友。尤金·维格纳是一位物理学家。他曾经深刻地思考了匣子中的猫这一实验的有关变化）。匣子中的人显然是一个胜任的观察者，他具有量子力学的能力，足以使波函数坍塌。当我们打开匣子时，假如我们有幸看到他还活着，那么我们有把握他不会向我们报告任何神秘的实验，而仅仅会告诉我们：辐射源在给定的时间内没有辐射任何粒子。然而对于匣子外面的我们来说，对于匣子中的情况所能做的唯一正确的描述——就是它处于多个态的叠加态，除非我们进行观察。

　　可以依此类推下去。假设我们对这个充满阴谋的世界提前宣布这个实验（但要避免新闻界的介入，关起门来做这个实验）。那

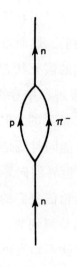

图 9.19

一个中子可以转变为一个质子和
一个 π 介子，这二者可以很快地
复合还原。

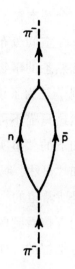

图 9.20

很短时间内，一个 π 介子可以产生
一对虚中子/反质子。

么当我们打开匣子迎接我们的朋友，或者拉出里面的尸体时，外面的报告者并不知道正在发生什么事情。对于他们来讲，我们的实验室所在的整个大楼都处于一些状态的叠加当中。如此等等，在一个无限的复归当中变化。

如果我们用一台计算机来代替维格纳的朋友，这台计算机可以记录辐射衰变与否的信息，那么，一台计算机能使波函数（至少在匣子里面）发生坍塌吗？为什么不能。然而根据另一种观点，与实验结果有关的不是人的意识，或者活着的生物的意识，而是这样一个事实：事件的结果在量子水平上进行了记录，或者对宏观世界造成了影响。辐射原子可能处在多个态的叠加当中，但是只要盖革计数器已经"看到了"衰变结果，那么这个原子就被迫

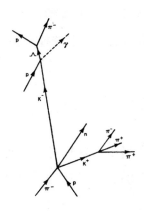

图 9.21　几个粒子之间真实相互作用的费曼图

这幅图是由气泡室照片所揭示的，在弗里特夫·卡普拉的
《物理学之"道"》中作了描述。

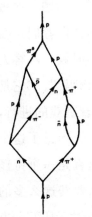

图 9.22　参与虚相互作用网络的单个质子

参见福特·布莱斯德尔的《基本粒子世界》，这种相互作用时刻都
在进行着，看起来任何粒子都不像初看起来那样孤独。

进入这个或那个状态，或衰变或者不衰变。

　　因此，与 EPR 思想实验不同，匣子中的猫这一实验确实具有
悖论的意义。在不接受"死—活"猫这样一个"现实"的情况下，
是不可能与严格的哥本哈根解释达成一致的。因为原因和结果的
无限复归，这个悖论曾经使维格纳和约翰·惠勒考虑过这种可能
性：高级生物的观察导致了整个宇宙的"真实"存在。量子理论

内禀的所有概率性所导致的最重要的悖论，是薛定谔的猫的直系后代。它开始于惠勒所称的"延迟选择实验"。

参与的宇宙

在许多不同的文章当中，惠勒对量子理论的含义作了大量的解释。他在这一问题上的思考长达四十多年。在庆祝爱因斯坦百年诞辰的学术研讨会论文集《比例的奇异性》（哈里·伍尔夫主编）中可能收录了他对"参与的宇宙"这一概念的最清晰的探索。在那篇文章当中，他叙述了一件轶事：在一次晚宴上，他正在与一伙人玩二十个问题的老游戏。当轮到他的时候，他被从房子里请了出去，以便让其他的客人能够决定采用什么样的话题。他被关在外面的时间"令人难以置信"地长，这说明其合作者们正在选择一个非常难的词，或者正在捣鬼。当他回来的时候，从客人们依次所作的回答中，他发现最初对诸如"它是动物吗?"、"它是绿色的吗?"这类问题的回答是很迅速的。但是随着游戏的进行，回答问题所用的时间越来越长。所有的同事大概已经同意了这个话题，并且需要做的回答仅仅是："是或不是。"这真是一个奇怪的过程。被问的人为了作一个简单的回答，为什么要费这么多的脑筋呢? 最后，只剩下一个问题了。问题是"它是一片云吗?"，惠勒回答"是"，于是引起了同伴们的哄堂大笑。他被搞得莫名其妙。

已经有一个计划，那就是不约定即将猜测的对象。但是每一个被询问的人，都必须牢记心中真实的对象，并提供可以信赖的答案，并且这个答案必须与前面所有的回答相一致。这样随着游戏的进行，对提问者和被提问者来说，都变得越来越难。

这与量子理论有什么关系呢? 我们都有这么一个概念：当我

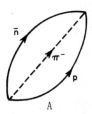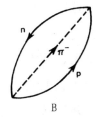

图 9.23　质子、反中子和 π 介子可以通过真空涨落产生，但只存在于湮灭之前的非常短暂的瞬间（图 A）；这个相互作用可以用时间环来表示，一个质子和一个中子沿着 φ 介子所连接的时间环的边界相互追逐（图 B）；这两种描述法同样有效。

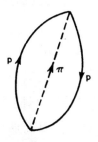

图 9.24　一个质子可以沿着 π 介子所连接
的时间环的边界追逐自己。

们不进行观察的时候，真实世界也是存在的。同样，惠勒认为对于他正在确证的问题有一个真实的答案。但实际上没有。只有对它的问题的回答才是真实的。同样，对于量子世界，我们唯一知道的就是实验的结果。在某种意义上，"云"是在提问过程中产生的，在同样的意义上，电子是在实验测量的过程中产生的。这个故事强调了量子理论的基本规律：只有记录下来的现象，而没有基本的现象。记录过程可能会对我们日常生活中的概念耍出了一些奇怪的花招。

为了证实这一点，惠勒想出了另一个思想实验：它是双孔实验的一个变形。在这个游戏中，双孔被一个透镜相连接，以使通过系统的光发生会聚，标准检测屏被另一个透镜所代替，它的作用是使来自每一个小孔的光子发生发散。通过一个小孔的一个光子通过第二个屏，并且被第二个透镜折射到左边的检测器上；通过另一个小孔的一个光子到达右边的检测器上。使用这样一个实验装置，我们知道每一个光子通过哪一个小孔，其确切程度就像我们观察每一个小孔，看光子是否通过一样。就像在那种情形，如果我们一次只允许一个光子通过这个装置，那么我们就会毫不含糊地知道光子所走的路径。因为没有态的叠加，所以没有干涉发生。

现在再次修正我们的装置。用一张照相雕刻薄膜将第二个透镜遮盖起来。这张薄膜成条形，就像一个威尼斯百叶窗。这些长条可以关闭以构成一张完整的屏，以防止光子通过透镜和被折射。也可以将长条打开，以让光子像以前那样通过。现在，当长条关闭时，到达检测屏的光子孤立行为就像在经典双孔实验中那样。我们没有办法说出每个光子通过哪一个小孔，就像一个光子同时通过两个狭缝时的情形一样，我们会得到一个干涉图样。现在花招来了，使用这个设备，只有当光子已经通过这两个孔以后，我们才有必要决定是打开还是关闭这些长条。我们可以等到光子通过这两个狭缝，然后再来决定是否做这样的实验：在其中，光子只通过一个小孔或同时通过两个小孔。在这个衰变选择实验当中，我们现在所做的事情将对我们对过去的描述产生不可挽回的影响。至少对一个光子来说，它的历史取决于我们如何去测量。

哲学家们长期以来一直在深思这样一个事实：除了按照现在所记载的这种方式以外，历史是没有意义的——过去并不存在。惠勒的衰变选择实验将这个抽象的概念变得有血有肉，成为一个

图 9.25 惠勒的衰变选择双缝实验

具体的、实用的术语。"只有在提问——回答的游戏结束之后，对于'房子中有什么'这样一个问题，我们才能回答；同样，只能在完成记录之后，'对于光子正在做什么'这样一个问题才能做出回答。"（《比例的奇异性》第 358 页）。

这个概念可以推广至多远呢？那些正在制造计算机和操纵基因材料的幸福的量子厨师们，将告诉你这完全是哲学上的猜测，在日常生活中、在宏观世界中是没有意义的。然而宏观世界中的万物却是由满足量子规则的粒子所组成的。我们称之为真实的任何东西都是由不能视为真实的东西所构成。"除了可以说通过某种方式被发现，以及它们必须建立在成千上万的这种观察者参与的活动的统计意义上之外，我们还有什么选择呢"？

惠勒历来敢于凭借直觉做出重大飞跃（还记得他提出的单电子在空间和时间中进行编织的图像）。他进一步将整个宇宙考虑为一个供人分享的、自激发的循环。从大爆炸开始，宇宙便开始膨

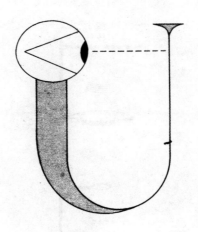

图 9.26 整个宇宙可以视为一个衰变选择实验

其中观察者的存在将实质性的现实传递给万物。

胀和冷却；几十亿年之后诞生了可以对宇宙进行观察的人类。"观察者参与的活动（借助于衰变选择实验装置），反过来将实质性的'现实'赋予宇宙，不仅是现在，而且可以追溯到开始"。通过观察宇宙背景辐射的光子、大爆炸的回波，我们可能正在创造大爆炸和宇宙。如果惠勒是正确的，费曼将比他所说的双孔实验"包含着唯一的秘密"时更加接近真理。

跟随着惠勒，我们已经走进了形而上学的范畴。我们可以想到，许多读者会认为，既然所有这一切都依赖于假想的思想实验，那么，你就可以做你所喜欢的任何游戏。你选择对现实的哪一种描述并不重要，我们需要的是来自真实实验的一些具体的证据。根据这些证据，从很多形而上学的选择当中选择出最好的解释。早在 20 世纪 80 年代，艾斯派克特实验提供了一个具体的证据——这个证据表明：量子理论的古怪特性不仅是实际存在的，而且是可以观测到的。

第 十 章

布丁的验证

　　量子世界自相矛盾的现实的直接实验证据来自 EPR 思想实验的现代版本。现代实验并不涉及粒子位置和动量的测量，而是涉及自旋和偏振的测量。自旋和偏振是光的一个特性，在某种意义上它类似于粒子材料的自旋。伦敦伯克贝克学院的戴维·玻姆于1952 年在一种新式的 EPR 思想实验中引入测量自旋的思想。但是20 世纪 60 年代，才有人认真地加以考虑，要真正做一个实验来检验这种条件下量子理论的预言。概念上的突破来自 1964 年的一篇文章，其作者为工作在日内瓦附近欧洲研究中心的一位物理学家，他名叫约翰·贝尔。[①] 为了理解这个实验，我们需要先从这篇重要的文章退回一小步，以对"自旋"和"偏振"有一个清晰的图像。

自旋悖论

　　幸运的是，在这些实验当中，粒子例如电子自旋的许多特性都可以忽略掉。忽略掉这些特性对如下事实并不产生影响：粒子在将同一个面显示给我们以前需要"转两次"。重要的是粒子的自

---

① 参见 J. S. 贝尔，《物理》第一卷，195 页。

旋在空间中定义了一个方向：向上或向下，这类似于地球的自转定义了南北轴线的方向。与一个均匀磁场相比，电子只能按两种可能状态之一进行排列，平行或反平行于磁场。根据任意约定，只能"向上"或"向下"。玻姆在 EPR 争论中的转变起始于一对质子，这对质子同处于一个称为单纯态的配置当中。这对质子的总动量总是为零，然而我们可以想象这个分子劈裂成沿相反方向分开的两个组分粒子。这两个质子中的任一个可以有一个角动量或自旋，但是其自旋必须等量异号，以保证总自旋为零，就像它们在一起的时候一样。①

这是一个量子理论和经典理论都能得出的简单论断。如果你知道"对"中一个粒子的自旋，你将知道另一个粒子的自旋，因为总自旋为零。但是你如何测量一个粒子的自旋呢？在经典世界当中，测量是简单的。因为我们正在处理三维世界中的粒子，所以我们不得不测量自旋的三个分量。这三个分量加在一起给出总自旋（使用矢量算术的规则，我在这里不讲）。但在量子世界中，情况就很不相同。首先，你在测量自旋的一个分量时，你就改变了其他的分量。自旋矢量具有互补的特性，不能同时测量其两个或三个分量，就像不能同时测量位置和动量一样。诸如电子和质子之类的粒子，其自旋本身是量子化的。你在任意方向上测量自旋，你都只能得到向上或向下的两种答案之一，即记为"＋1"或"－1"。我们将一个方向定义为 Z 轴，测量 Z 轴方向的自旋，你可以得到"＋1"的答案（在实验中有一半的机会得到这个结果）。现在测量另一个方向（不妨设为 y 轴）的自旋。不管你得到什么答

①　在这个例子当中，我正在重复伯纳德·艾斯派克特对贝尔实验的清楚而详细的描述。艾斯派克特的论文题目为量子理论和现实，参见《科学美国人》预印本第 3066 号。所不同的是艾斯派克特的论文非常详细，而我在这里描述得非常简单。

案，再回去重新测量 Z 轴方向的自旋。重复进行多次，看一下你得到的所有答案。结果是，尽管你在测量 y 轴方向自旋之前，已经测量了 Z 轴方向的自旋，并且已经知道它是"向上"的，但是在测量 y 轴方向自旋之后，再重复 Z 轴方向的测量时，你只有一半的机会测得其"向上"。对互补性自旋矢量的测量，已经恢复了你以前测量的状态的量子不确定性。[①]

那么，当两个粒子相互隔离，我们测量其中之一的自旋时，会得到什么样的结果呢？分开来考虑，可以认为，每一个粒子的自旋分量都存在着随机涨落，这个涨落将干扰对任一粒子的总自旋进行测量。但是合起来考虑时，这两个粒子的自旋必定是精确地等量，并且是异号的。所以，一个粒子自旋的随机涨落必定与远处另一个粒子自旋的随机涨落相匹配：平衡、相等、异号。就像原始的 EPR 论点那样，粒子之间通过超距离相互作用相连接。爱因斯坦将这个幽灵般的非局域性视为荒诞的。这个非局域性标志着量子理论当中的一个缺点。约翰·贝尔说明了如何建立一个实验，来测量这个幽灵般的非局域性，从而证明量子理论的正确性。

偏振方面的迷惑

到目前为止，用来做这个检验的所有实验所涉及的都不是材料粒子的自旋，而是光子的偏振。但是它们的原理是相同的。偏振是光子的一个特性。它在伴随一个光子或一束光子的空间中定

---

　　① 你可能会认为这个不确定量应该是 $\hbar$。确实如此。正如狄拉克所指出的，自旋的基本单位为 $1/2\,\hbar$，这就是我们所称的"一个自旋单位"的含义。在"+1"和"−1"单位之间的不同就是"+1/2h"和"−1/2 $\hbar$"之间的不同，即 $\hbar$。但在这里所讨论的实验中，唯一关心的就是自旋的方向。

义了一个方向，就像自旋在伴随材料粒子的空间中定义了一个方向一样。偏振片太阳镜的工作原理是这样的：将某一确定偏振之外的所有光子全部挡住，从而使戴眼镜的人看到的景象变暗。可以假想太阳镜是由一系列狭条构成的，就像威尼斯窗帘那样。而光子就像携带着长矛一样。如果光子所携带着的长矛斜着穿过狭缝，那么这些光子都可以通过狭缝，并为我们的眼睛所看见；如果光子所携带的长矛与狭缝相垂直，那么这些光子都不能通过狭缝，从而被阻挡住。通常的光包含了所有方向的偏振——光子所携带的长矛朝向各个不同的方向。还有一种偏振叫做圆偏振，偏振方向随光子的前进而改变，它就像行进队伍中走在前面的军鼓乐队女指挥手中的指挥棒一样。这种偏振有两种类型，右手偏振或左手偏振。它在检验量子描述的精确性方面也是有用的。在平面偏振光当中，所有光子的长矛都朝向同一个角度。在合适的条件下，这可以通过偏转来产生，或者通过使光穿过偏振片之类的物质来产生，偏振片只允许特定偏振的光子通过。平面偏振光再一次证明量子不确定性是在起作用的。

就像在量子水平上粒子的自旋一样，光子在某一方向上的偏振具有"是或否"的特性。它可以在某一确定方向例如竖直方向偏振，也可以不是这样。所有那些通过了威尼斯窗帘的光子将被另一个垂直放置的威尼斯窗帘所阻挡。如果将第一个偏振器比作狭条成水平方向的威尼斯窗帘的话，那么第二个就可以比作竖直方向的木桩栅栏。当两组偏振材料以这种方式"交叉"放置时，肯定没有光子能够通过。但是如果使第二块偏振片的狭条与第一块偏振片的狭条成45°角，又会怎么样呢？到达第二个偏振器的所有光子都与狭条成45°角，按照经典图像是不应该有光子通过的。然而量子图像却不同。根据量子观点，每个光子有50%的机会通过这个未校准的偏振器，恰好有一半的光子可以通过。现在，真

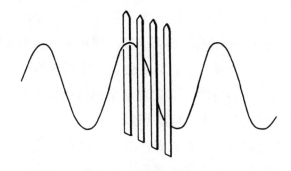

图 10.1　竖直偏振波通过"木桩栅栏"

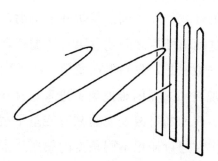

图 10.2　水平偏振波被挡住了

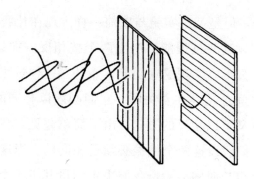

图 10.3　交错偏振挡住所有的波

正奇怪的事情来了。那些通过的光子在效果上被扭转了。它们的偏振方向与最初的偏振器成 45°角，如果再放置另一个偏振器，使其偏振方向与第一个成直角，那么会发生什么现象呢？因为直角等于 90°，所以扭转后的偏振方向与这个偏振器也成 45°角。因此，像上面那样，有一半的光子能够通过。

如果将两块偏振片垂直放置，那么将没有光子能够通过。但是如果你在两块偏振片之间放置第三块偏振片，并且与最初的两块都成 45°角，则最后通过的光子数将是通过第一块偏振片的光子数的四分之一。这就好像是，我们将两套栅栏合在一起就可以百分之百地将走散的动物挡在外面以保护我们的财产。出于警戒起见，我们决定在这两道栅栏之间建立第三道栅栏，以加强安全防护。令我们感到吃惊的是，我们现在发现一些被两道栅栏就可以阻挡在外的动物现在却毫无困难地走了进来，就好像这第三道栅栏并不存在一样。我们通过改变实验来改变量子观察的本性。从效果上看，我们正在通过使用不同角度的偏振片来测量偏振矢量的不同分量。每一次新的测量都破坏了我们从以前的测量当中所获取信息的有效性。

这立即引入了一种新型的 EPR 方案。我们处理的不是材料粒子，而是光子，但是基本实验与以前一样。现在让我们设想一些原子产生过程，这些过程能够产生两个按相反方向运动的光子。许多实际过程都可以实现这项功能，并且在这种过程当中，两个光子的偏振之间总是存在着关联。它们必须以相同的方式偏振，或者在某种意义下以相反的方式。出于简单起见，在我们的思想实验当中，我们假设这两个偏振必须是相同的。当这两个光子离开其诞生地点很长时间以后，我们决定测量其中一个的偏振。偏振器放置方向的选择是完全任意的。但是一旦选定后，光子通过它的概率就成为确定的。随后我们便知道在那个选定的方向上，

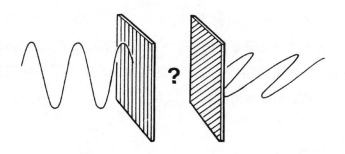

图 10.4 将两块偏振片以 45°角放置，通过的波是通过第一块
偏振片的一半。

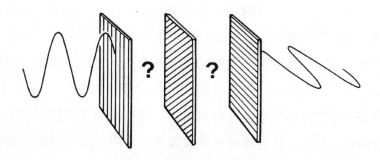

图 10.5 按这种方式放置三块偏振片，最后通过的波函数是通过第
一块前波函数的 1/4；而在将中间一块偏振片取走时，波
没能通过。

光子的偏振是"向上"还是"向下"，我们还知道在远处的另一个
光子也以同样的方式偏振。但是，另一个光子是如何知道这一切
的呢？它怎么能够意识到要调整自己，以使自己也能通过第一个
光子所能通过的检测；而对于第一个光子不能通过的检测，它也
不能通过吗？通过测量第一个光子的偏振，我们就使波函数坍塌
了，不仅对于第一个光子是这样，对于远处的另一个光子来说，
波函数也同时坍塌。

然而，相对于量子理论所有的奇异性来说，这仅仅是 20 世纪

30 年代由爱因斯坦及其同事引起科学家们注意的一个问题。除了这个长达半个多世纪之久的关于一个思想实验之含义的讨论以外，还需要一个真正的实验。在贝尔的实验中，给出了一种测量这种幽灵般的超距相互作用的方法。

贝尔实验

南巴黎大学的伯纳德·艾斯派克特是一位理论家，他像戴维·玻姆一样，在 EPR 系列实验方面动了不少的脑筋。在前面提到的他那篇发表在《科学美国人》上的文章当中，以及在密哈罗主编的《物理学家关于自然的概念》当中，他已经提出了解决办法。艾斯派克特说，我们对现实的日常观念基于三个基本假设：首先，真实的事物是客观存在的，它并不依赖于我们是否对其进行观察；其次，从一致的观察和实验结果中得出一般的结论是合理的；第三，任何效应的传播速度都不能超过光速，他称这个性质为"局域性"。这三个基本假设合在一起构成了当今世界"局域现实"观点的基础。

贝尔实验起始于世界的局域现实观点。在质子自旋实验中，尽管实验者不可能同时知道同一个粒子自旋的三个分量，但是他可以测量其中任何一个。如果将三个分量分别称为 X、Y、Z，那么每当他测得一个质子 X 方向的自旋为"＋1"时，他发现"对"中另一个粒子 X 方向的自旋必为"－1"，如此等等。但是他可以同时测量一个质子的 X 自旋，以及"对"中另一个粒子的 Y（或 Z，但不能同时）方向的自旋，这样就应该可以同时获得一个质子的 X、Y 自旋的信息。

即使是在原则上，这也并不容易实现。它涉及同时随机地测

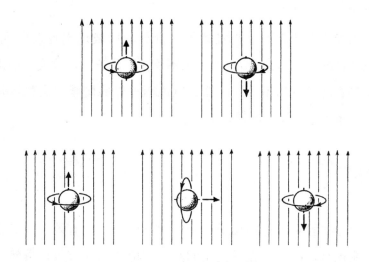

图 10.6　具有半整数自旋的粒子只有按平行或反平行于磁场的方向
　　　　　排列；而具有整数自旋的粒子也可以按与磁场横交的方向
　　　　　排列。

量许多对质子的自旋，而要放弃那些恰好是"对"中两个粒子同一个自旋矢量的测量。但还是可以做的。在原则上，这使得实验者获得这样的结果：一对质子的一对自旋可以记为 XY、XZ 和 YZ。在 1964 年的那篇经典文章当中，贝尔证明：如果这样一个实验可以实施的话，那么根据世界的局域现实观点，X 和 Y 方向都具有正自旋（X^+Y^+）的对数必定少于 X 和 Z 方向都具有正自旋的对数加上 Y 和 Z 方向都具有正自旋的对数（$X^+Z^++Y^+Z^+$）。这个计算直接基于如下一个明显的事实：如果一次测量表明一个质子具有自旋X^+和Y^-，那么其总自旋态必定为$X^+Y^-Z^+$，或者为$X^+Y^-Z^-$。其余部分基于集合论的一个简单数学定理。但是在量子力学当中的数学规则是不同的。如果计算过程正确的话，那么它们将给出相反的预测：与X^+Z^+和Y^+Z^+的总对数相比，X^+Y^+的对

193

数是多，而不是少。

因为这个计算的最初描述是从世界的局域现实观点出发的，所以其传统的表达方式为："贝尔不等式"是第一不等式。如果实验结果否定了贝尔不等式，那么就说明世界的局域现实观点是错误的，量子理论又一次通过了检验。

证 据

这个实验对于材料粒子自旋的测量应该同样有效，但实施起来非常困难；而对于光子偏振的测量也应该同样有效，虽然实施起来也有困难，但相对容易一些。因为光子的静止质量为零，它以光速运动，对于时间没有区别，所以一些物理学家对于涉及光子的实验感到很不愉快。对于一个光子而言的局域性概念并没有真正搞清楚。尽管到目前为止，关于贝尔不等式的绝大多数实验都涉及光子偏振的测量，但至关重要的是，到目前为止唯一真正实施过的质子自旋的测量，其结果是否定贝尔不等式的，进而更支持世界的量子观点。

这个实验是法国萨克利核研究中心的一个小组于 1976 年报道的，但这并不是对贝尔不等式的第一次检验。这个实验的过程与原始的思想实验非常接近，它涉及向一个包含很多氢原子的靶上射击低能质子。当一个质子撞击一个氢原子核（另一个质子）时，这两个粒子通过单纯态相互作用，它们的自旋分量可以测量。进行这个测量的困难是巨大的。与思想实验的理想状态不同，检测器仅仅记录下了部分质子。即使是在进行测量时，也并不总是能够毫不含糊地记录下自旋分量。然而，法国的这个实验结果清楚地表明，世界的局域现实观点是错误的。

　　对贝尔不等式的第一次检验是由加利福尼亚大学伯克利分校来完成的。他们使用的是光子，实验结果发表于 1972 年。到 1975 年为止，这种检验已经进行了六次，其中四次的结果否定了贝尔不等式。不管对光子局域性的含义还有些什么怀疑，对量子力学来说这些都是有力的激动人心的证据，特别是因为这些实验是使用两种完全不同的技术来完成的。在用光子所做的最早的实验中，质子来源于铝原子或者汞原子，这些原子可以通过使用激光激发到所选定的能态。① 从激发态回到基态的路线涉及一个电子的两次转变：从一个高激发态到一个低激发态，然后再到基态，每次转变产生一个光子。对于在这些实验中所选定的转变而言，产生的两个光子具有相关的偏振。通过使用放置在偏振筛子后面的光子计数器，可以对"串"中的光子进行分析。

　　在 20 世纪 70 年代中期，实验物理学家们第一次用另一种方法进行了这种实验。在这些实验当中，使用的是电子和正电子湮灭时产生的光子。同样，两个光子的偏振是相关的，得到的也是同样的证据。当你努力去测量那些偏振时，你会发现得到的结果是否定贝尔不等式的。

　　所以，在对贝尔不等式所进行的最初七次检验中，有五次的结果有利于量子力学。在那篇发表在《科学美国人》上的文章当

――――――――――

　　① 即使是在这里，我们仍然感觉到了那个曾经困扰玻尔那么久的问题。唯一真实的事情就是：我们的实验结果，测量方式影响测量结果。在 20 世纪 80 年代，激光束成了物理学家日常使用的一个工具，它的任务就是将原子输送到激发态。我们能够使用这个工具，仅仅是因为我们了解激发态，并且有量子调制术在手。但是我们整个实验的目的就在于检验量子理论的精确程度，而这个理论就是量子调制术的基础。我并没有因此而说实验工作者是错误的。我们可以设想，在测量之前用其他方式使原子处于激发态，实验的其他版本确实也给出相同的结果。但是，就像前几代物理学家们的日常观念受到他们所使用的弹性平衡和测量规则的影响一样，现代物理学家们的观念更多的是受到了量子规则的影响。哲学家们可能会提出这样的问题：如果我们使用量子过程来进行这种实验，那么，贝尔的实验结果究竟意味着什么？我很高兴地坚持玻尔的观点：我们所看到的只是我们所得到的，一切都是假的。

中，艾斯派克特强调指出，量子理论的这些证据比初看起来更加有力。因为实验本身的规律和在具体实施过程中存在的困难，所以"在实验设计中存在的大量的系统误差可能会破坏真正相关的证据……另一方面，很难想象一个实验误差能够在五个独立的实验中都伴随产生某一个错误。而且，实验结果不仅仅是违背了贝尔不等式，而且是精确地按照量子力学预言的那种方式去违背"。

从 20 世纪 70 年代中期以来，已经又做了很多次实验，这些实验的设计方案中排除了残留着的循环漏洞。实验装置的散件需要放置得足够远，以至于检测器之间那些可能会产生乱真的相关的"信号"，其传播速度不得不大于光速。那样做了之后，贝尔不等式还是违背的。发生相关的原因可能是，即使是在刚刚诞生的时候，光子也已经"知道"建立了哪种实验装置来捕获它们。如果提前建立好了实验装置，并且已经建立了一个整体波函数来影响正在诞生的光子，那么并不需要比光速快，那种结果也能发生。到目前为止，在有关贝尔不等式的重要实验中，当光子飞行时，实验的结构会发生改变；这正如在约翰·惠勒的思想实验中，当光子飞行时双孔实验可能会改变一样。就是在 1982 年的这个实验中，南巴黎大学的艾斯派克特工作小组，堵上了局域现实理论中最后一个大的漏洞。

艾斯派克特和他的同事已经用一个多级过程产生的光子检验了这个不等式，发现结果违背这个不等式。他们在改进的实验中使用一个开关来改变正在通过的光束的方向，光束可以调整到两个偏振筛子当中任一个的方向。每个偏振筛子测量一个不同的偏振方向，每个筛子后面都有自己的光子检测器。经过开关的光束方向可以被一个自动设备所产生的一个伪随机信号非常快地改变，每 10 纳秒（10×10^{-9}秒）改变一次。因为对于一个光子来说，从产生它的原子到检测器的飞行时间为 20 纳秒，所以有关实验设备的信息不可能从设备的一个部分传到另一个部分，从而不可能对测量结果产生任何影响，除非信息的传播速度大于光速。

这到底意味着什么？

实验很接近于完美无缺。即使光束的开关不是完美无缺的，但它也确实独立地改变了两个光束中的任一个。现在仍然存在的唯一一个真正的漏洞是产生出来的绝大多数光子根本没有受到检验，因为检测器本身的效率并不高。仍然存在着这种可能：只有那些违背贝尔不等式的光子被检测到了，而其他光子，只要我们去检测它们的话，会发现它们满足这个不等式。但是人们并没有设计实验来检验这个很小的可能性，看来确实可以做出那个论断。在1982年圣诞节之前，艾斯派克特小组宣布了实验结果[①]之后，人们便不再怀疑贝尔实验肯定了量子理论的预测。事实上，如果用现代技术来做这个实验，那么结果违背贝尔不等式的程度比以前的任何实验结果都高，与量子理论的预期结果将符合得非常之好。正如艾斯派克特所说的："最近完成的实验本来会迫使爱因斯坦在一个他一直认为非常重要的节点上改变他对自然的概念……我们可以有把握地说，不可分隔性现在已经成为物理学中最普通的概念。"[②]

这绝不意味着信息的传递速度可能会超过光速。因为在这样一个过程当中，没有办法联系起因事件和结果事件，所以不能以这种方式来输送任何有用的信息。这是那些拥有一个一般起因的事件的一个重要特性。这类事件有：正电子/电子的湮灭，电子回

---

① 参见《物理评论快报》第49卷，1804页。

② 引自密哈罗主编，《物理学家关于自然的概念》，第734页。

到基态，"光子对"从单纯态的分离。你可以设想两个检测器相距很远，从中心源发出的光子分别飞向两个检测器。你可以设想存在某种精细而灵敏的办法来改变一束光子的偏振，那么位于第二个检测器旁边的观察者会发现另一束光子偏振的改变。但是改变的是什么样的一种信号呢？光束中粒子的原始偏振或自旋是随机量子过程的结果，它本身不携带任何信息。观察者将要看到的是一个随机图样，这个随机图样与所看到的没有被熟练操作的第一个偏振器随机图样不同。因为在随机图样中不包含信息，所以它毫无意义。信息包含在这两个随机图样的差别之中，但是由于第一个图样实际上并不存在，所以没有办法从中抽取信息。

但是没有必要太失望，艾斯派克特实验及其前任确实获得了与我们的常识非常不同的世界观。它告诉我们，在某种意义上，曾经发生过相互作用的粒子将始终为同一系统的部分，它们共同对进一步的相互作用作出响应。实际上，我们看到的、摸到的、感觉到的一切事物都是由相互作用着的粒子集合来构成的。而这些粒子与其他粒子之间的相互作用可以追溯到大爆炸时期，通过大爆炸宇宙才得以形成。我身体的原子是由这样一些粒子来构成的：其中一些曾经与宇宙中的流星靠得很近，而这颗流星现在是一颗遥远的星体的一部分；另一些粒子曾经构成过某个遥远的、未被发现的行星上的某个生物的身体。事实上，构成我身体的这些粒子与构成你身体的那些粒子曾经靠得很近并且发生过相互作用。我们是同一个系统的两个部分，就像在艾斯派克特实验中从中心源飞出的两个光子一样。

艾斯派克特和戴维·玻姆这样的理论家们指出，我们必须承认，任何事物都与其他事物联系着。适用于宇宙的唯一一个整体的方法可能会解释人类意识之类的现象。

物理学家和哲学家们正在朝着关于意识和宇宙的这样一个新

图像进行探索，然而现在就要求他们对这个图像的可能形状提出一个令人满意的轮廓还为时过早。对很多可能性所做的推测性讨论在这里就不讲了。但是我们从自己的背景中举出一个例子，这个例子植根于物理学和天文学坚实的传统。物理学中一个非常大的困惑就是惯性，它抵制的不是物质的运动，而是物质运动状态的改变。在自由空间当中，一个物体保持匀速直线运动，直到它被某个外力推动为止——这是牛顿最伟大的发现之一。推动一个物体所需的力依赖于它所包含物质的多少。这个物体如何才得以"知道"自己是在做匀速直线运动呢？即凭借什么来测量其速度呢？从牛顿时代起哲学家们就已经知道测量惯性的标准参照系是"恒星"，尽管我们现在称其为遥远星系。在空间中旋转的地球，一个长傅科摆，就像在科学博物馆中看到的宇航员或者原子一样，他们都"知道"物质在宇宙中的平均分布。

没有人知道这个效应为什么会起作用或是如何起作用的，它曾经导致了一些奇特的但没有结果的推测。如果在空旷的宇宙当中只有一个粒子的话，那么它将没有惯性，因为那将不存在对其运动的测量或者对运动的阻碍作用。但是如果在另一个空旷的宇宙中仅仅存在两个粒子的话，它们中的任一个所具有的惯性与它们在我们的宇宙中所具有的惯性一样吗？如果我们有某种魔力，可以移走宇宙中一半的物质的话，那么余下的物质是否具有相同的惯性呢？还是惯性减小为原来的一半呢？（或者变为原来的两倍？）这个问题在300年前是个什么样的疑团，现在还是什么样子的；但是世界局域现实观点的被否定可能会带给我们一个线索。如果在大爆炸过程中曾经相互作用过的所有物质都保持着它们之间的相互作用，那么它们当中的每个粒子，不管它们是在我们所能看到的哪个星系里面，它们都"知道"其他所有粒子的存在。惯性不仅仅是宇宙学家们和相对论理论家们所争论的问题，而且也确实是量子力学范畴中的一个迷惑。

它看起来是个悖论吗？理查德·费曼在他的演讲中简明地概括了上述情况："'悖论'仅仅是现实和你心目中现实应该是什么样子之间的冲突。"这个概述看起来毫无意义，就像关于针尖角度的个数一样，对吗？早在1983年，就在艾斯派克特小组的结果发表后几个星期，英国萨塞克斯大学的科学家们就宣布了他们的实验结果。他们的结果不仅仅在量子水平上提供了物质之间联系的独立的证据，而且提供了新一代计算机的适用范围——就像半导体收音机以及当今改进的固体技术一样，它本身就是一个进步的标志设备。

确认和应用

以特里·克拉克为首的萨塞克斯小组已经用另外一种方法对量子确定性进行了测量。他们努力创建的并不是那种在通常的量子粒子尺度、原子或更小尺度上进行操作的实验，而是那种更加接近于测量设备大小的"量子粒子"。他们的技术依赖于超导体的性质，他们使用了一个超导材料构成的坏，环的直径在半厘米左右，在环上的某点处发生收缩，以使得环的截面积小到百万分之一平方厘米。这个"弱连接"的发明人就是曾经发明约瑟夫森结的那个布赖恩·约瑟夫森。这个"弱连接"使得这个超导材料环起到一个底端打开的圆筒的作用，就像一个器官管道或者两个底都已去掉的罐头盒。描述环中超导电子行为的薛定谔波就像器官管道中的标准声波一样，它们可以通过使用一个变化着的电磁场来"调谐"，电磁场的频率在无线电频率波段。从效果上看，在整个环中的电波描述的是一个量子粒子。通过一个灵敏的无线电频率检测器，这个小组能够观察到环中电波的量子相变效应。从完全实用的目的来看，它就像一个半厘米见方的量子粒子。它与前面提到的一小桶超流氦的例子有些相似，但更富有戏剧性。

这个实验提供了对单个量子相变的直接测量，同时它对非局域性也提供了更清晰的证据。因为超导体中电子的行为类似玻色子，所以导致量子相变的薛定谔波在整个环中传播。这个赝玻色子使得相变同时发生。在实验中观察不到如下现象：环的一边首先发生一个转变，当以光速传播的信号具有足够的时间在环中传播，并影响其他"粒子"时，另一边仅仅是赶上去。在一些方面，这个实验甚至比贝尔不等式的艾斯派克特检验更加有力。这个检验基于下述观点：尽管在数学上是很清楚的，但对于外行人来讲并不容易理解，而理解如下单个"粒子"的概念就要容易得多：这个"粒子"半个厘米见方，其行为就像单个量子粒子。它对来自外界的任何刺激作出即时的响应。

特里·克拉克和他的同事已经在做下一个合乎逻辑的发展。他们希望能够创建出一个大的"宏原子"，它可能以一个6米长的圆柱形式存在。如果这个设备能够按预期的方式来对外界刺激作出响应的话，那么就确实存在着传播速度大于光速的可能性。安置在圆柱一端的检测器，测量其量子态时，将立即改变圆柱另一端触发的量子态。这对于传统的信号发送还没有多少用处。我们不可能建造一个从这里连接到月球的"宏原子"，并用它来排除那个发生在月球探索者和地面控制站之间的令人讨厌的滞后问题。但是它将被直接运用到实际中。

在最高级的现代计算机当中，在性能方面一个主要的限制参数就是电子从一个部分到另一个部分的电路中运行的速度。相关的时间延迟小到纳秒量级，但非常有意义。萨塞克斯实验证明长距离间即时通讯的前景是非常渺茫的，但是建造一些计算机，使得其中所有的部分同时响应来改变一个部分的状态，却是完全可能的。就是这个前景鼓舞了克拉克，使他作出了如下的评述："当这些规则转移到电路硬件当中时，已经令人惊异的 20 世纪电子学看起来就成为信号灯。"①

所以，不仅仅是哥本哈根解释在通过实验为实用目的全力辩护，与经典方法取得的进展相比，量子力学所带来的进展看起来还没有充分表现出来。但是哥本哈根解释在理性上还不是令人满意的。当我们对亚原子系统进行测量时，那些使波函数发生坍塌的、幽灵般的量子世界将发生什么情况呢？当我们进行测量的时候，这个重叠的现实怎么能够简单地消失，而与我们实际测量的那个结果恰好一致呢？最好的回答就是：这个两者挑一的现实并没有消失，薛定谔的猫实际上既是活的，同时又是死的，但分别处于两个或更多个不同的世界中。哥本哈根解释及其实际含义完全包含在一个更完整的现实观点——多世界解释中。

---

① 参见 1983 年 1 月 6 日的《观察者》。当我正在准备打印这一篇时，从贝尔实验室传来了取得相似进展的消息。在那里，研究人员正在使用约瑟夫森结技术来发展一种新的、快的计算机电路"开关"。这些开关仅仅使用"传统的"约瑟夫森结，已能使得运行速度比标准计算机电路要快。在不久的将来，这个发展很可能继续起到表率作用，并获得实际的应用。但是别搞糊涂了——克拉克的发展更加遥远，在这个世纪结束之前都可能得不到应用，但是是一个潜在的、大的飞跃。

第十一章

多个世界

　　在本书中，到目前为止，我一直在努力，以使自己不偏袒某一个方面，而是在尽量提供有关量子的各个方面的故事，让故事自身去说明问题。现在，站出来阐明自己观点的时间到了。在这最后一章中，我不再以不偏袒而自居，而是给出我认为是最满意、最令人高兴的量子力学解释。这并不是一个大众化的观点，许多物理学家根本就不愿意去想这类事情，他们当中的大多数对于哥本哈根解释关于波函数坍塌的说法非常满意。但这是一个令人尊敬的少数派的观点。它有一个优点，那就是它包含哥本哈根解释。它也具有一个令人感到不舒服的特性，这个特性使得这个改进的解释不能够迅速得以推广。这个特性就是它表明还存在许多其他的世界。它们可能有无穷多个。它们以某种方式存在，从时间的这头到那头，位于我们现实的旁边，与我们自己的宇宙平行，但永不分开。

谁观察观察者？

　　量子力学的多世界解释起源于 20 世纪 50 年代普林斯顿大学一

位研究生休·埃弗雷特的工作。哥本哈根解释要求在观察者存在的情况下，波函数魔术般地发生坍塌。休·埃弗雷特为这种奇特的方式所迷惑。他与许多人讨论了量子力学的其他解释方法。这些人中包括约翰·惠勒，他鼓励埃弗雷特去发展他的解释，并将其作为他的博士论文。这种观点起始于一个非常简单的问题。设想我在一个封闭的屋子里做一个实验，然后出来告诉你结果，你再将这个结果告诉在纽约的朋友，他再向其他人去报告，如此等等。在这个过程中，波函数发生了一系列的坍塌，在这一方面这个问题达到了逻辑的顶峰。在每一步，波函数都变得更复杂，都包含了"现实世界"的更多信息。但在每一种状态，这两种解释都同样有效。在有关实验结果的消息到来之前，都将现实叠加。我们可以想象消息以这种方式在整个宇宙中进行传播，直到整个宇宙处于一个波函数相叠加的状态，可供选择的现实只能坍塌到进行观察时所看到的那个世界。然而，谁来观察宇宙呢？

根据定义，宇宙是自我包含的。它包含所有事物，所以并不存在外部观察者来注意宇宙的存在，从而使相互作用着的、可供选择的、复杂的现实网络发生坍塌。将惠勒的意识——我们自己——作为重要的观察者，通过逆因果关系追溯到大爆炸是走出困境的方式之一，但是这涉及一个循环论证，它与我们设法去排除的迷惑一样令人困惑。我甚至更倾向于唯我论者的论断。这个论断说，在宇宙中只有一个观察者，那就是我自己，我的观察就是使现实从量子可能性的网络中固化出来的所有重要因素。但是极端的唯我论主义，对于那些终生写书让别人来读的人来说是一个令人非常不满意的哲学。埃弗雷特的多世界解释是另一个令人更满意、更完整的可能性。

埃弗雷特的解释是，整个宇宙叠加的波函数、相互作用以产生在量子水平上可测量的干涉的选择性现实并不坍塌。它们中的每一个都是同样真实的，在"超空间"（和超时间）内自己那一部分中存在。当我们在量子水平上作一次测量时所发生的事情就是观察过程迫使我们从这些选择项当中选出一个，这一个就成为我们看到的"真实"世界。观察活动切断了将各种可供选择的现实连接在一起的纽带，并允许它们在超空间中以各自独立的方式运动。每一个可供选择的现实都包含它自己的观察者，他已经做了同样的观察，但获得了不同的量子"答案"，于是他就认为是他将波函数坍塌成一个独立的量子选择对象。

薛定谔的猫

当我们说到整个宇宙波函数的坍塌时，很难领会这意味着什么，但是如果我们来看一下更熟悉的例子，那么我们就容易看到为什么埃弗雷特方法代表了一个进步。我们在薛定谔悖论所说的匣子中寻找隐藏着的真实的猫，最后的结果是，这个匣子恰恰提供了我所需要的例子，这个例子将演示量子力学多世界解释的威力。令人吃惊的是，其中的细节导致的不是一只真实的猫的出现，而是两只。

量子力学方程告诉我们，在薛定谔的著名思想实验中，匣子里面有两种版本的波函数——"活猫"和"死猫"，两者是同样真实的。传统的哥本哈根解释从一个不同的角度来看待这些概率。它说，从效果上看，这两个波函数都同样的不真实。当我们往匣子里面观看时，它们当中只有一个固化为现实。埃弗雷特的解释接受了整个量子方程的表面价值，并且指出两只猫都是真实的。有一只活猫，有一只死猫，但它们位于不同的世界中。问题并不在于匣子中的辐射性原子是否衰变，而在于它既衰变又不衰变。

面临一个决定，整个世界——宇宙——分裂成它自己的两个版本。这两个版本在其余各个方面都是相同的。唯一的区别在于在其中一个版本中，原子衰变了，猫死了；而在另外一个版本中，原子没有衰变，猫还活着。这听起来就像科幻小说，然而它比科幻小说所探讨的要深得多，它是基于无懈可击的数学方程，基于量子力学朴实的、自洽的、符合逻辑的结果。

超越科幻小说

埃弗雷特在 1957 年所做工作的重要性在于它吸收了这个看起来令人无法容忍的思想，并使用已经建立的量子理论规则将它安置在安全的数学基础之上。推测宇宙的特性是一回事，将那些推测发展成为一个完整的、自洽的现实理论却完全是另一回事。事实上，埃弗雷特并不是第一个按这种方式进行推测的人，尽管看起来他已经产生了关于多个现实和平行世界的完整的思想，并且这些思想独立于任何早期的建议。绝大多数早期的推测——1957年以来还有更多——事实上已经出现在科幻小说之中。我能够追溯到最早的版本是杰克·威廉森的《时间》，它最初于 1938 年作为一个杂志系列出版。①

很多科幻小说中的故事都安置在"平行的"现实中，在那里南方赢得了美国国内战争，或者西班牙无敌舰队成功地征服了英格兰，如此等等。一些故事描述的是一些探险：一个英雄通过时间从一个可供选择的现实到另一个可供选择的现实去旅行；少量故事使用合适而夸张的语言来描述这种可供选择的世界如何才能

---

① 在我早期的一本书《时间扭曲》中，讲述的都是平行世界，然而在那里只插入了最少量、最必要的量子理论。

与我们自己的世界劈裂开来。威廉森的原始故事讲述的是两个可供选择的世界，在采取某一个关键行动之前，其中的任何一个都不能成为具体的现实。这个行动发生在过去某一个关键的时刻两个世界的路线交叉的地方（在这个故事当中，也有"传统的"时间旅行，并且这行动像论断一样是循环的）。就像传统的哥本哈根解释所描述的那样，这个思想已经与波函数的坍塌发生了共鸣。在20世纪30年代威廉森所熟悉的新思想可以从下面的段落中清楚地看出来。其中解释了当时的情形：

> 用概率波去替换具体的粒子，物体的世界线不再是
> 固定的，它们曾经有过简单的路径。在亚原子非决定论
> 的边缘，大地测量学具有无限多的可能分支。

威廉森的世界是一个鬼现实的世界，在其中有英雄在采取一些行动。当做出一个关键的决定，一个鬼被选出来而成为具体的现实时，另一个鬼就坍塌并消失。埃弗雷特的世界是很多具体的现实之一，其中所有的世界都是同样真实的，在其中就连英雄都不能从一个现实进入其相邻的现实。但是，埃弗雷特的版本是科学事实，而不是科幻小说。

让我们回到量子物理的基本实验——双孔实验。即使是在传统的哥本哈根解释框架之内，尽管几乎没有量子调制术可以实现，但是当只有一个粒子通过设备时，实验屏幕上产生的干涉图样解释为两个可供选择的现实的干涉。在一个现实中，粒子通过A孔；在另一个现实中，粒子通过B孔。当我们观察这两个孔时，我们发现粒子仅仅通过其中的一个，并且没有干涉出现。但是粒子是如何来选择通过哪一个小孔呢？根据哥本哈根解释，它根据量子概率随机地进行选择——上帝确实和宇宙掷骰子。根据多世界解

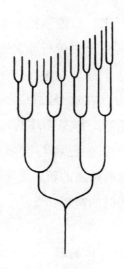

图 11.1 "平行世界"是指可供选择的现实并排着安置在"时空"中

注：这是一个错误的图像。

释，它并不在选择。当在量子水平上面临一个选择时，不仅仅粒子本身，而且整个宇宙劈裂成两个版本。在一个宇宙中，粒子通过 A 孔；在另一个宇宙中，粒子通过 B 孔。在每一个宇宙中存在一个观察者，他看到粒子仅仅通过一个小孔，并且在以后这两个宇宙永远是彻底分离的，它们之间没有相互作用——这就是在实验屏幕上没有干涉出现的原因。

将这个图像与所有时间发生在宇宙每一个区域的量子事件相乘，你就会部分地理解为什么传统的物理学家在这个思想面前畏缩不前。然而，正如埃弗雷特在 25 年前所建立的，它是一个符合逻辑的、自洽的量子现实描述，它与任何实验或任何观察到的证据都不冲突。

尽管在数学上是无懈可击的，但是在 1957 年，当埃弗雷特对量子力学的新解释落入科学知识的池子中时，几乎没有引起任何

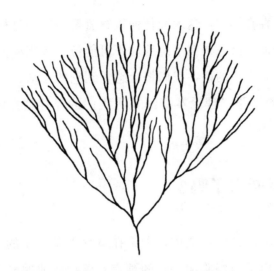

图 11.2 一个更好一点的图像

在其中，宇宙不断地劈裂，就像一颗分叉的树，但这仍是一个错误的图像。

涟漪。在《物理评论快报》中出现了这项工作的一个版本①，紧接着刊登的是惠勒的文章，这篇文章使人们认识到了埃弗雷特工作的重要性。② 然而直到几十年以后，北卡罗来纳大学的布赖斯·杜威特接受这些思想之前，这些思想鲜为人知。

人们并不清楚的是，这些思想为什么必须花费这么长的时间才为人们所接受。直到 20 世纪 70 年代，它才以幼稚的方式获得成功。撇开繁杂的数学，埃弗雷特在《物理评论快报》上那篇文章当中仔细解释道："因为没有实验证据，所以宇宙劈裂成多个世界是真实的。"但这一论断是站不住脚的。叠加态的各个分离元素都满足波动方程，而对其他元素的现实性漠不关心，一个分支对另

---

① 第 29 卷，第 454 页。
② 第 29 卷，第 463 页。

一个分支不存在影响，这表明任何观察者都对劈裂过程一无所知。争论其他方面就好像是在争论地球不可能位于太阳周围的轨道上。因为，如果它存在的话，我们将会感觉到它的运动。埃弗雷特说："在这两种情形下，理论本身都表明我们的经验就反映了事实的真相。"

超越爱因斯坦了吗？

在多世界解释情形之中，理论在概念上是简单的、符合因果关系的，给出了与经验相一致的预言。惠勒尽他的最大努力确保人们注意到了如下的新思想：

> 难以搞清"相对态"公式在多大程度上中断了与经典概念的联系。在历史上，人们在这一步所遇到的最初的不愉快只有为数不多的几次：当牛顿如此反常地将万物间的引力描述为超距离作用时；当麦克斯韦用像场论那样不自然的方式来描述像超距作用那样自然的东西时；当爱因斯坦否决了任何坐标系统的特权时……除了"所有规则坐标系统都是完全等价的"这一广义相对性原理之外，从物理学的其余部分不能引证出任何可比的东西。①

惠勒总结说："撇开埃弗雷特的概念不谈，手头就没有理想的自治系统能够用来解释将一个像广义相对性宇宙这样量子化的封

---

① *Op. cit.*，第464页。

闭系统将意味着什么。"事实上，这是非常强烈的措辞。但是埃弗雷特的解释存在一个很大的缺点，那就是它企图取代哥本哈根解释已经在物理学中建立的地位。在评估可能的实验结果或观察结果方面，量子力学的多世界解释版本所给出的预言与哥本哈根观点完全一致。这既是一个优点，又是一个缺点。既然在这些实际操作中从来没有发现需要哥本哈根解释，那么在任何可以接受检验的地方任何新的解释都必须给出与哥本哈根解释一致的"答案"，所以埃弗雷特解释通过了它的第一次检验。但是它仅仅是通过如下方式改进哥本哈根解释：它从双缝实验中或者从爱因斯坦、波多斯基和罗森发明的那类实验中排除了看起来相互矛盾的特性。从有关量子调制的所有观点中，很难看出这两种解释的不同，自然的倾向便是坚持所熟悉的一个。然而，对于所有已经研究过EPR思想实验，以及现在的各种形式的贝尔不等式的人来说，埃弗雷特解释却具有更大的吸引力。在埃弗雷特解释当中，并不是我们选择哪一个自旋分量来测量这一过程迫使远处另外一个粒子的自旋魔术般地呈现出互补的状态，而是通过选择测量的自旋分量来选择我们所生活在其中的现实的某一个分支。在超空间的那个分支当中，另一个粒子的自旋总是与我们测量的这一个互补。是"选择"而不是"运气"决定了在我们的实验中测量的是哪一个量子世界，从而决定了我们居住的是哪一个量子世界。事实上一个实验所有可能的结果都发生了，每一种可能的结果都由它自己的一套观察者来观察。这就难怪我们所观察到的仅是一种可能的实验结果。

回顾一下

　　量子力学的多世界解释曾一度处于被物理学界故意忽视的状

况，直到 20 世纪 60 年代后期杜威特接受了这个思想，他亲自写了一些材料来介绍这些概念，并且鼓励它的学生尼尔·格雷厄姆去推广埃弗雷特的工作来作为他自己的博士论文。就像杜威特在 1970 年《今日物理》的一篇文章①当中所介绍的，当应用"薛定谔的猫"这一悖论时，埃弗雷特解释便立即引起了极大的兴趣。我们没有必要再去为那只既是活的、又是死的，既不是活的、又不是死的的猫而忧虑。相反的，我们知道，在我们的世界当中，这只匣子里装着一只猫，它要么是活的，要么是死的；在相邻的另一个世界中，有一个观察者，他有一只同样的匣子，里面装着一只同样的猫，它要么是死的，要么是活的。但如果宇宙"不断地劈裂成大量的分支"，那么"发生在每一颗星、每一个星系、宇宙中每一个遥远角落的量子相变，正在把地球上我们的局域世界劈裂成它自己的无数的复制品"。

杜威特回顾了他第一次遇到这些概念时吃惊的状况："自己的 10^{100} 个有轻微缺陷的复制品正在进一步劈裂成更多的复制品。"但是他被自己的工作、被埃弗雷特的论文和格雷厄姆对这个现象的重新研究说服了。他甚至考虑了劈裂实际上能够继续进行到什么程度。在一个有限的宇宙中——有充足的理由相信，如果广义相对性是对现实的一个好的描述的话，那么宇宙就是有限的②——在

---

① 第 23 卷第 9 期（1970 年 9 月）第 30 页。

② 广义相对性是一个描述封闭系统的理论，爱因斯坦最初把宇宙设想为一个封闭的有限系统。尽管人们谈论敞开的、无限的宇宙，然而严格地说，这种描述并不能为相对论所覆盖。让我们的宇宙封闭的方法就是假设它包含足够多的物质，以至于其间的引力使得时空围绕着自己发生弯曲，就像黑洞周围时空的弯曲一样。它需要的物质比我们在能够见得到的星系中所包含的物质要多，但是宇宙动力学的绝大多数观察表明，事实上它处于一个非常接近封闭的状态——或"恰好是封闭的"，或"恰好是打开的"。这种情形下，没有观察结果否定"宇宙是封闭有限的"这一基本的相对性含义，有充足的理由去寻找黑物质，这些黑物质使宇宙中的物质由于引力而聚集在一起。关于这些思想的一些基础知识可以在惠勒投给《比例的奇异性》的稿件中找到。

量子树上就必定只有有限数目的"分支"，超空间不可能有足够的
空间来容纳更加稀奇古怪的可能性、杜威特所称的"自行其是的
世界"的好的结构、行为发生奇怪变形的现实。在任意情形，尽
管严格的哥本哈根解释指出，任何可能的事情都确实在现实的某
个版本、超空间的某个地方发生，这与平时所说的"任何可以想
象的事情都可以发生"并不是一回事。我们可以想象出不可能的
事情，真实的世界不能容纳它们。在一个其他方面与我们自己的
世界完全一样的世界中，即使猪长了翅膀（在其他方面与我们的
猪相同），它们也不可能会飞；无论英雄们的威力有多么大，他们
都不可能通过时间上的裂缝滑向一边去拜访另一个可供选择的现实，
尽管科幻小说作家们在这种行动的结果方面作了探索；如此等等。

杜威特的结论与惠勒早期的结论一样富有戏剧性：

> 埃弗雷特、惠勒和格雷厄姆的观点确实是令人印象
> 深刻的，然而它是一个完全因果性的观点。如果爱因斯
> 坦健在的话，他可能已经接受了这个观点……它比1925
> 年由海森伯开始的绝大多数解释都要好。

可能仅仅在这一点上，提及惠勒本人最近表示他对所有这一
切感到怀疑是公平的。在纪念爱因斯坦百年诞辰的研讨会上，在
回答一个人的提问时，他说到了多世界理论，"我承认，最后我已
经不情愿地被迫放弃对那个观点的支持——虽然在开始时我是支
持它的——因为我担心它携带了太多的形而上学的包袱。"[①] 这不
应该看作是对埃弗雷特解释的拆台，事实上，爱因斯坦当时改变
了他对量子力学统计基础的思想并没有拆那个解释的台。这也并

---

① 《比例的奇异性》，哈里·伍尔夫主编，第385～386页。

不意味着惠勒在 1957 年所说的话不再正确。它仍然是正确的。在
1983 年，撇开埃弗雷特理论，手头就没有理想的自洽系统可以用
来解释将宇宙量子化意味着什么。然而，惠勒思想的改变确实说
明了对许多人来说，接受多世界理论是多么困难。从个人角度来
说，我认为它所需要携带的形而上学的包袱比起哥本哈根解释关
于薛定谔的猫或者比起"相空间"的维数应该等于宇宙中粒子数
的 3 倍所需要携带的包袱要少得多。这些概念并不比其他概念更奇
怪。其他概念看起来熟悉，这仅仅是因为它们被如此广泛地讨论。
多世界解释，它为看待我们所生活的宇宙为什么应该是这个样子
的提供了崭新的洞察。这个理论远没有过时，而仍值得认真地加
以研究。

超越埃弗雷特

今天的宇宙学家们非常幸福地谈论着宇宙从大爆炸中刚刚诞
生时发生的事情，他们计算了宇宙年龄大约在 10^{-35} 秒左右时发生
的反应。这些反应涉及粒子和辐射的大漩涡、粒子对的产生和湮
灭。关于这些反应如何发生的假设来自各种理论的混合，以及对
在巨型加速器（例如在日内瓦欧洲原子能中心＜CERN＞运行的那
一台）中粒子相互作用方式的观察。根据那些计算，从我们在地
球上所做的微不足道的实验中所得出的物理规律，可以用一种符
合逻辑的、自洽的方式来解释宇宙是如何从一个密度几乎是无穷
大的状态演化到我们今天所看到的状态。这些理论甚至在预言物
质和反物质的平衡、物质和辐射之间的平衡方面作了尝试。[①] 每一

---

① 在《空间扭曲》一书中讨论了所有这些思想。

214

个对科学略感兴趣的人都已经听说了关于宇宙起源的大爆炸理论。理论家们津津乐道地玩弄着那些用以描述 150 亿年前那一瞬间所发生的事情的数字。但在今天，又有谁会停下来去思考这些思想究竟意味着什么呢？企图理解这些思想的含义确实是动人心弦的。谁会对 10^{-35} 秒真正感兴趣呢？更不用说去理解当宇宙年龄为 10^{-35} 秒时宇宙的本性！事实上，那些处理这种稀奇古怪的极端本性的科学家应该可以比较容易地调整他们的思想，以适应平行世界的概念。

事实上，那些从科幻小说中借用的听起来很巧妙的表述，是很不合适的。选择性现实的本来图像是作为一个从主茎展成扇形的选择性分支，在超空间中一个靠着一个地向前延伸，就像一个复杂铁路枢纽的分支路线一样，就像一些具有几百万条平行航道的超高速公路一样。科幻小说家们想象出了通过时间并排着向前延伸的所有世界，我们附近的邻居与我们自己的世界几乎完全一样。但是，当我们随着时间走入旁路越多时，它们之间的不同就变得越来越清楚。这个图像使人们很自然地推测出：在超高速公路上改变航道滑入隔壁世界的可能性。不幸的是，数学并不喜欢这个洁净的图像。

三维空间在我们的日常生活中是如此之重要，但是数学家们在处理维数更高的空间方面并没有困难。我们的整个世界，作为埃弗雷特多世界现实的一个分支，在数学上用一个四维空间来描述，其中三维代表空间，一维代表时间，它们之间相互正交。描述相互正交、维数更高、与我们的四个维度垂直的空间的数学是通常的数学游戏。这就是选择性现实实际存在的地方，它并不与我们自己的世界平行，而是与之垂直。相互垂直的世界分支通过超空间离开旁路。这个图像很难以形象化,① 但它确实使人们容易看到为什么滑入旁路进入另一个可供选择的现实是不可能的。如果你朝着一个与我们的世界成直角的旁路出发,那么你将产生一个你自己的新世界。事实上,关于多世界理论,这就是每一次当宇宙面临一个量子选择时所发生的事情。作为匣子中猫的实验结果或者作为双缝实验的结果,进入通过宇宙劈裂而产生的可供选择的现实之一的唯一方式,就是在我们的四维现实中沿时间后退,到达实验的时间,然后再沿着另一个可供选择的分支随时间向前。这个可供选择的分支与我们自己的四维世界成直角。

这或许是不可能的。根据常识,这种真正的时间旅行肯定是不可能的,因为这涉及一些悖论,例如你可以沿时间后退,在你父亲出生之前你将你爷爷杀死。另一方面,在量子水平上,看起来粒子在所有的"时间"内都在参与时间旅行。弗兰克·提普勒已经证明广义相对性方程允许时间旅行。有一种可能会产生一种天才的旅行,随着时间向前和向后,而不会出现悖论,这种形式的时间旅行依赖于可供选择的宇宙的现实。戴维·杰拉德在一本娱乐性科幻小说《折叠自己的人》中探索了这些可能性。这本书是值得一读的,它引导人们了解世界现实的复杂性和敏感性。问题是,举一个经典的例子,如果你能沿着时间后退并杀死你爷爷

---

① 如果你在相信这个图像方面有困难,那么你可能会开始感觉到原来的完好的薛定谔方程更加舒适和熟悉。远不是这样。量子力学的波动解释确实起源于物理学其他领域的一些简单熟悉的波动方程。对单个粒子来说,正确的量子力学描述确实涉及三维空间中的一个波,当然这里指的并不是我们日常生活的空间,而是"相空间"。不幸的是,对于描述中所涉及的每个粒子的波来说,你需要三个不同的维度。为了描述两个相互作用着的粒子,你需要六个维度;为了描述一个三粒子系统,你需要九个维度,如此等等。整个宇宙的波函数,其维数等于宇宙中粒子数的三倍。那些因为携带了太多不必要的包袱而轻易放弃了埃弗雷特解释的物理学家们忘记了这样一个事实:他们每天使用的波动方程被认为是对宇宙的一个好的描述,是以在思想中引起一个同样的含糊其辞的包袱为代价的,这个包袱就是额外的维数。

的话，那么你正在产生的或正在进入的（依赖于你的观点）可供选择的世界分支就与你起始的那个世界成直角。在那个"新的"现实当中，你的父亲和你自己都没有出生。因为你仍然是在"原来的"现实中出生，通过时间往回旅行，进入一个可供选择的分支。再回去做一次你曾经做过的恶作剧，那么你所做的仅仅是重新进入现实的原始分支，或者至少是一个非常类似的分支。

　　但是，即使是杰拉德也没有解释在垂直现实当中作为主要特性的那些稀奇古怪的事情。据我所知，对埃弗雷特解释中所用的数学有一种有独到见解的物理解释——当然是科幻小说作家还没有接受的时间旅行的一种新形式。我特将此奉献给他们。① 需要强调的是，在这个图像中，可供选择的现实并没有与我们的现实并排而列，在那里他们可以很容易地滑入和滑出。现实的每一个分支都与其他分支相互垂直。可能存在一个世界，在那里人们给予巴拿马的名字是皮埃尔，而不是拿破仑，然而在那里其他方面主要的历史进展与我们这一现实的分支相同。可能存在一个世界，在其中那个特指的拿破仑从来没有存在过。这两个世界相对于我们自己的世界来说，是同样遥远和不可接近。如果不是在我们自己的世界当中沿时间往回旅行至合适的分叉点，然后在与我们自己的现实成直角（许多直角中的一个）的现实中沿时间向前延伸的话，那么两个世界均不能到达。

　　可以将这个概念加以推广，以排除科幻小说作家和读者所喜爱、而哲学家所争论的任何时间旅行悖论的悖论本性。各种可能的事情都在现实的某一个分支中发生了。进入那些可能现实的关键不是沿时间向弯路运行，而是后退，然后再向前进入另一个分

---

① 当这本书正在印刷时，我以"垂直世界"为标题给《比喻》写了一个小故事。

支。已经写成的科幻小说可能使用了多世界解释，尽管我不能肯定那个作者乔治·本福德是有意识这么做的。在他的书《Times-cape》中，世界的命运基本上是按照从 20 世纪 90 年代送回 60 年代的信息而改变的。这个故事构思巧妙，即使是没有科幻小说的主题，它也是可控制的、站得住脚的。然而我在这儿想说的一点就是，世界是根据人们争取的行动而改变的，而人们接收到的信息又来自未来，所以给人们提供信息的那个未来对于接收信息的人们来说并不再存在。信息是从什么地方来的呢？你可能会设置一种关于老的哥本哈根解释的情形，鬼世界送回影响波函数坍塌方式的鬼信息，但是你将难以使这个论点站得住脚。另一方面，在多世界解释中很容易将信息形象化，在一个现实中沿时间后退至一个分叉点，在那里人们接收到信息，然后沿时间向前进入他们自己的现实——现实的一个不同的分支。两个可供选择的现实同时存在，但是那个影响未来的关键决定一旦做出，这两个现实之间的联系就中断了。①《Timescape》也是一本好的读物，实际上它包含着一个思想实验，其每一个细节和 EPR 实验或薛定谔的猫一样令人迷惑，并且与量子力学的争论相关。埃弗雷德自己可能并没有意识到这一点，但是多世界现实恰好就是允许时间旅行的那种现实，也是那种能够解释为什么我们会在这儿争论这些问题的现实。

---

① 这里还有另外一个问题值得强调。即使时间旅行在理论上是可行的，那也存在一些不可克服的实际困难使我们不能通过时间发送实体物质。如果我们在现实的费曼解释中能够找到一种方式，使用沿时间向后运动的粒子的话，那么通过时间发送信息将是一个相对简单的事情。

我们的特殊位置

根据我对多世界理论的解释，就我们对世界的理解而言，将来是不确定的，而过去则是确定的。通过观察这一行动，我们已经从多个现实中选出了一个"真正的"历史。一旦有人在我们的世界中看到一棵树，那么它就待在那儿，即使是没有人观察它。这表明所有道路都可以退回到大爆炸。在量子高速公路上的每一个枢纽，都有很多新的现实产生，但是通向我们的路却是清晰的、毫不含糊的。然而有许多路径通向未来，"我们"的某一个版本将沿它们中的每一个向前发展，我们自己的每一个版本都认为自己是在唯一的一条路径上，将会看到唯一的一个过去，但我们并不知道未来，因为它们有如此之多。我们甚至会收到来自未来的信息，或者像在《*Timescape*》中所描述的那样通过机械方式来获得，或者通过做梦或超意识来获得，如果你希望想象这种可能性的话。但是那些信息可能并不会给我们带来很多好处。因为未来世界是多样化的，所以任何这种信息都会引起混乱和矛盾。如果我们根据这种信息去采取行动，我们更可能使我们自己发生偏斜而进入现实的一个分支，这并不是传递信息来的那个分支，所以这些信息变成"真实情况"是非常不可能的。那些认为量子力学为实现超感官知觉、传心术等提供了钥匙的人仅仅是在自欺欺人。

将宇宙的图像看作一张铺开的费曼图，在其中瞬时的"现在"以匀速运动，这个图像是过于简化了。真实的图像是一个多维的费曼图，所有可能的世界，"现在"铺开后通过所有的世界，到达每一个分支和弯路。在这个框架之内留下有待回答的最大问题就是我们对现实的认识为什么应该是这样的——那些起源于大爆炸并通向我们的量子路径，为什么刚好导致了宇宙中生命的出现？

问题的答案就在于我们经常所说的"人择原理"。这个原理说，我们宇宙中存在的条件，除了一些微小的变化外，恰恰是那种允许像我们这样的生命在其中演化的条件。所以像我们这样的高级生命将宇宙看成我们周围所见到的这个样子是不可避免的[①]。如果宇宙不是现在这个样子，我们将不能在这儿观察它。我们可以想象，从大爆炸开始，宇宙通过许多条量子路径向前发展。在其中一些世界中，由于在宇宙开始膨胀点附近量子选择的不同，星星、行人从未形成，正如我们所知道的，生命并不存在。举一个具体的例子，在我们的宇宙当中，看起来物质粒子占优势，很少有或者没有反物质。关于这一点没有什么基本的理由——这可能仅仅是大爆炸的火球阶段所发生的反应中的一个偶然事件。这就恰恰像宇宙可能应该是空的，或者主要由我们所称的反物质来构成，而很少有或者没有物质存在一样。正如我们所知，在空的宇宙中，应该没有生命存在。在反物质宇宙当中，应该具有与我们非常相像的生命存在，它是一种真正的镜像世界。迷惑在于适合于生命的理想世界为什么出现于人爆炸。

"人择原理"说或许存在许多可能的世界，我们是这个宇宙不可避免的产物。然而其他世界在什么地方呢？难道它们也像哥本哈根解释中相互作用着的世界一样是鬼吗？我们知道，时间和空间开始于大爆炸。难道它们相应于大爆炸之前整个宇宙中不同的生命圈吗？或者它们正是埃弗雷德的多个世界，它们全都存在，

---

① 在我的《空间扭曲》《Spacewarps》这本书中已经简要地讨论了人择原理，在保罗·戴维斯的《偶然的宇宙》（The Accidental Universe）中可以找到更详细的介绍。我自己的《创世记》《Genesis》详细地解释了宇宙的起源——大爆炸。

并且与我们的世界相垂直，是这样吗？在我看来，这是到目前为止所具有的最好的解释；"为什么宇宙是这个样子的"这个基本迷惑的解决将充分地补偿埃弗雷德解释所携带的负担。大多数可供选择的量子现实不适合于生命，是空的。适合于生命的条件是特殊的，所以当生命体回过头去追溯产生他们的量子路径时，他们将看到特殊的事件，他们在量子道路上看到的分支不是建立在统计的基础之上的，而是那些导致生命出现的路径。多数与我们自己的世界相似但具有不同历史的世界——在其中英国仍然统治着它在北美的殖民地；或者北美人对欧洲实行殖民统治——合在一起仅仅构成巨大现实的一个小小的角落。不是运气而是选择从一系列量子可能性中挑选出了适合于生命的特殊条件。所有的世界都是同样真实的，但是只有合适的世界中才存在观察者。

用于检验贝尔不等式的艾斯派克特小组实验的成功，对已经提出的各种可能的量子力学解释，除了两种可能性以外，其余的可能性都被排除了。我们要么不得不接受哥本哈根解释，连同它那鬼现实和半死的猫；要么不得不接受埃弗雷特的多世界解释。当然，可以想到这两个超级科学市场上的"最好的家伙"都不是正确的；这两种选择都是错的。关于量子力学的现实，可能还有另一种解释，它能解决哥本哈根解释和埃弗雷特解释已经解决的所有问题，包括贝尔检验，以及一些我们目前还不能理解的东西；同样，还可能包括广义相对性超越，并可能插入狭义相对性。但是如果你认为这是一个轻松的选择，一条容易走出困境的路，那么记着任何这种"新的"解释都必须能够解释自从普朗克在黑暗中取得突破以来的所有成就；在解释万物方面，它必须与目前这两种理论一样好，或者更好。的确，守株待兔似的等待某人会对我们的问题提出一个好的答案不是科学态度。在没有更好的答案的情况下，我们就不得不正视目前能得到的最好的答案。在 20 世纪 80 年代来写这本书，也就是在 20 世纪的科学巨匠们为量子真实性问题而苦苦思索了半个多世纪以后，我们仍然不得不承认在目前情况下，科学对于世界的构成方式只能给出两种不同的解释。没有哪一个看起来更好些。简单地说，要么没有什么是真实的，要么一切都是真实的。

这个问题或许永远没有答案，因为缺少时间旅行，所以不可能设计出一个实验来验证这两种解释。但有一点是清楚的，最伟大的量子哲学家之一麦克斯·詹默在说"在科学史上，多世界解释无疑是目前所提出的最大胆、最野心勃勃的理论"[1] 时，并没有夸大其词。从字面上讲，它能解释一切，包括猫的生与死。作为一个顽固的乐天派，我仍然对量子力学的解释感兴趣。一切都是可能的。在量子的多世界中，我们通过参与而选择出自己的道路。在我们生活的这个世界上，你看到的就是你所得到的。没有隐变量，上帝不会掷骰子，一切都是真实的。一个关于尼尔斯·玻尔的逸事被人广为传颂。这个轶事讲的是：在 20 世纪 20 年代，当有人对玻尔声称他能解决一个量子理论的基本问题时，玻尔答道："你的理论确实很美妙，但是还没有美妙到真实的程度。"[2] 依我看，埃弗雷特的理论确实已经美妙到真实的程度，在寻找薛定谔的猫方面，这个理论可以给出一个合适的答案。

---

① 参见《量子力学的哲学》第 517 页。
② 可参见罗伯特·威尔逊的《相邻的世界》第 156 页。

后 记

未完的工作

除了选用哥本哈根解释还是多世界解释这个半哲学问题以外，我现在所讲的量子故事看起来是非常精简了。虽然并非完全对，但本书的叙述是对这个故事的最好安排。量子故事并未到此结束，现在，理论家们还在继续寻找着一些问题的答案。而这可能会导致像玻尔在对原子能级作量子化时所取得的那样一些最基本的进步。由这项尚未完成的工作而整理成的书是凌乱和不尽如人意的。人们的一些观点，例如"什么是重要的"，以及"什么是可以安全地忽略的"，这些完全可以随着当时的报道而改变。但是为了让你感觉到一点将来会怎么发展，在本后记中我记入了一些未完的量子故事，以及将来会如何发展的一些迹象。

最清楚不过的是，量子理论的一个分支已经取得了最辉煌的成绩，这个分支通常被誉为皇冠上的明珠。对于这个分支，与我们所见到的这些相比，我们尚有更多的工作需要做。这个分支就是量子电动力学，简记为 QED。这个理论用量子的术语来解释电磁相互作用。量子电动力学在 20 世纪 40 年代得到了蓬勃发展。它是如此的成功，以至于它已经成为解释原子核内强相互作用的一个理论模型。由于这个理论涉及了一种称为夸克的粒子间的相互

223

作用，而这些夸克具有一些特性，理论家们为了区别这些特性，竟荒诞地使用了颜色的名字来定义它们，因而这个理论又被称为量子色动力学，简记为 QCD。但是，量子电动力学本身也有很大的缺点。它虽然能管用，但仅仅是在杜撰一些数学，使其与我们的观察相符合。

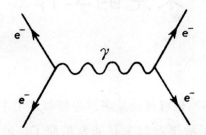

图 E.1　粒子相互作用的经典费曼图

　　这个问题涉及在量子理论中处理电子的方式，它不再是经典理论中的裸粒子，而是被一团赝粒子云包围着。这个赝粒子必定影响电子的质量。我们可以给出相应于"电子＋云团"的量子方程，但是无论从数学上如何解释，这些方程总是给出一些无限大的结果。从量子调制术的基石——薛定谔方程出发，正确的数学处理总是给出无穷大的质量，无穷大的能量和无穷大的电荷。没有合理的数学方法能将这些无穷大排除，但我们可以自欺欺人地把这些无穷大的项扔掉，我们可以通过实验测量的办法直接获得电子的质量，并且我们知道这是在理论处理中"电子＋云团"应该给出的质量。所以理论家们就从方程中将这些无穷大的项扔掉，相当于用一个无穷大的量去除另一个无穷大的量。从数学上来说，用无穷大去除无穷大，可以得到你想要的任何值，所以他们说其答案就是他们想要的答案，也就是电子的测量质量。这个技巧称

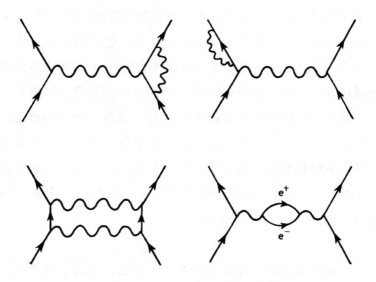

图 E.2　由于存在虚粒子（存在闭环的图）会产生电动力学的量子修正，由
此这会产生无穷大，必须通过烦琐的让人不能满意的重正化过程才
能消除。

为重正化。

　　为了获得重正化如何进行的一个图像，我们设想一个体重为
150 磅的人到了月球上。月球表面的引力仅为地球表面引力的⅙。
在地球上将弹簧秤标定好，将他带到月球上，再称这个旅行者的
体重时发现他仅仅 25 磅，尽管这个旅行者的质量并没有任何损失。
在这种情况下，也许会有人想到可以把称的标度作——"重正
化"，在控制称的标度的地方调节一下，使其显示 150 磅。使用这
个技巧之所以见效是因为我们知道旅行者在地球上的实际重量，
而我们又想保持在地球上的称重记录不变。如果在月球上得到的
重量是无穷大，那么要回到真实的重量就必须做无穷大的校正，
这就是理论家们在量子电动力学中所采取的做法。不幸的是，虽
然 150 除以 6 给出精确的答案 25，可是 25 乘以无穷再除以无穷就

不能毫无含糊地给出答案 25，而是可以给出任何答案。

即使如此，这个技巧仍然是强有力的。通过排除无穷大，理论家们可以拿薛定谔方程的解去做想要做的任何事情，甚至能圆满地描述电磁场的互动对原子光谱的最微妙的效应。结果是非常之好，因此，多数理论家将量子电动力学视为一种好的理论，并不去担心它的无穷大问题。这正如在量子调制术当中并不需要担心哥本哈根解释和测不准原理一样。但是，虽然管用，它毕竟只是一个技巧。一个大人物仍对此深感不快。在 1975 年新西兰所作的报告中，狄拉克作了如下的评论：

> 我必须指出我对这种情况很不满意，因为在这种所谓的"好理论"中确实存在着忽略无穷的问题，并且这种取舍是没有规则的。这并不是一种合理的数学。在合理的数学中忽略一项是因为它是小量，而不是因为它是无穷大你不想要它！

在发表了"这个薛定谔方程无解"的观点之后，狄拉克在结束他的演讲之前强调，必须对现有理论作一比较大的调整以确保其在数学上的合理性。"简单的修改是没有用的，……我觉得需要做的修改有点像从玻尔理论到量子力学的修改那样。"到哪里去找这样的新理论呢？如果有这个问题的答案，我也会获诺贝尔奖了。我可以向你展示目前出现的一些有趣的进展，这些新进展最终将符合狄拉克关于什么是好理论的探索性研究。

时空的扭曲

也许对于宇宙本质的更好的理解存在于量子理论当中，那些

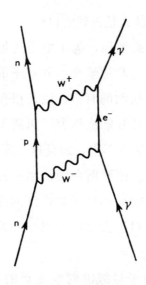

图 E.3　与交换一个玻色子不同，中子和中微子之间交
换两个 W 玻色子足以引起计算结果中出现无穷大

到目前为止仍然被大大忽略的物理世界之中。量子力学告诉我们
许多关于物质粒子的知识，但它对真实却几乎不能说什么。正如
爱丁顿 50 年前在《物理世界的本质》中所描述的：我们的固体物
质大部分是由虚空构成的，形成这种图像的革命远比相对论革命
更为基本。即使是像我的书桌或这本书这样的固体物质，其大部
分也是由虚空来构成的。物质之于空间的比例比一粒沙子于阿尔
伯特大厦的比例还要小得多。看来量子理论告诉我们的是：关于
这个被忽略的 99.9999……％的宇宙的知识，这个宇宙中充满了骚
动，是个赝粒子的大漩涡。不幸的是，在量子电动力学中，那个
给出无穷大解的量子方程也告诉我们，真空的能量密度是无限大
的。即使是真空，"重正化"也是需要的。当将标准量子方程与广义
相对论结合起来以期给出真实性的更好描述时，情况更糟——无穷
大仍然存在，但现在已不可能再将其"重正化"了。很显然是我

们选错了目标。那么，什么是正确的目标呢？

牛津大学的罗杰·彭罗斯，为了取得进展而回到基本点。他以完全不同的方式来看待和描绘真空和粒子的几何蓝图。在这种几何学当中粒子被视为扭曲的时空，以及扭在一起的一些时空片断。显然，这个理论可以形象地称为"扭曲子理论"。不幸的是，不仅对于多数人来说数学跟不上，而且这个理论自身尚远未完善。但是这些概念是重要的。彭罗斯企图使用一种理论来解释一个固体物质（如这本书）中的微小粒子和广阔的虚空。这也许并不是一个正确的理论，但是对于大多数人忽视的地方，确实突出了标准理论失败的原因。

另有个想象小到量子量级的时空变形的方法。将引力常数、普朗克常数及光速（物理学三个基本常数）合在一起，可以构造出唯一一个具有长度单位的量，可以认为它就是量子长度，表示可以描述的有意义的最小空间范围。这个量确实很小，约为 10^{-35} 米，称为普朗克长度。同样也可以将基本常数按另一种方式组合起来拼凑出唯一的一个时间基本单位：普朗克时间，约为 10^{-43} 秒（如果你确实要知道，那么普朗克长度由 Gh/C^3 的平方根给出，而普朗克时间是 Gh/C^5 的平方根）。谈论比它小的时间是毫无意义的，同样谈论比普朗克长度更小的空间也毫无意义。

在原子尺度乃至基本粒子尺度上，空间几何上的量子涨落都是完全可以忽略不计的，但正是在小到这样一个基本空间尺度水平上才可以认为出现了量子涨落的泡沫。约翰·惠勒提出这个观点，将世界看作有着永不停息的表面的大海。对海上的飞行员来说看似平静的大海，却被一些在风浪中摇摆不定的生命占据着。在量子水平上，时空有较为复杂的拓扑结构，有"蛀洞"及"桥"联系着不同的时空区域；或者换一种说法，虚空是在普朗克长度尺度上密集地排列着的黑洞组成的。

这些全是模糊不清、不尽如人意且疑惑重重的观点。到现在还没有基本答案，但是明白我们对"虚空"的理解是混乱模糊和不尽如人意的并没有什么坏处。将一切物质粒子视为无非是虚空扭曲的片断会拓宽我们的思路。设想如果我们理解的理论坏掉了，那么我们的理论进展只会产生于我们至今尚未理解的东西。将我们的眼光盯住未来几年量子几何学的进展是很有益处的。然而在1983 年，科学新闻上出现的大字标题是以旧的方式看待这个问题的两个观点。

对称性破缺

对称性是物理学中的一个基本概念。例如物理学中的基本方程是时间对称的，时间朝正向和反向发展都行。另外的对称性可理解为几何对称。一个旋转的球可在镜中反射出来，从球的顶部看下去，球是逆时针旋转的，在此情况下镜子中的像却是顺时针旋转的。真实的球及镜中的影像都以物理定律所允许的方式运动，在这种意义上就称为对称。（当然如果时间反演，镜中的影子也会像真实的球那样运动。如果同时作空间反射及时间反演又回到没做操作的那样）将空间反射（称为宇称变换，因为它使左右交换）、时间反演，以及电荷取相反的电性在一起形成了物理学很强大的内在性原则，所谓 PCT 理论，它是说物理定律应该在这三种操作下保持不变。PCT 理论是以假设为基础的，一个粒子放射出粒子与这个粒子吸收反粒子是一样的。

可是其他的对称性用日常语言就难以说清楚了，需要有较完善的数字语言才能够描述。这些对称性对于理解粒子物理的前沿与最新进展至关重要。但是可以这样想象一个物理例子：一个平

229

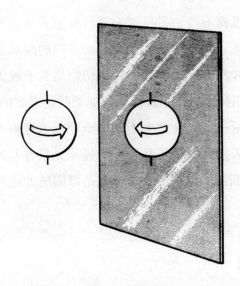

图 E.4　反射对称

在镜子里的球的转动与真实世界中的球的转动经

过时间反演后是一样的。

衡在楼梯台阶上的小球，如果我们将其从一个台阶移到另一台阶上，那么我们就改变了它在重力场中的势能。我们怎样移动小球并不重要，我们可以让它绕地球转动一周用火箭将其送至火星，然后再将它弄回来，然后放在新台阶上。决定重力势能改变的唯一因素就是两台阶的高度，即开始及结束时的位置。这也不依赖于我们从何处开始测量重力势能，我们可以从地下室开始给出每一层楼梯台阶的正势能，也可以从两个台阶中较低的那个开始，这种情况下，对应的位置势能为 0，[①] 两个台阶之间的势能之差还是一样的。这种新对称性，由于我们在测量中重新标定了"基线"，称为"规范"对称性。

同样使用于电磁力。麦克斯韦的电磁学是规范不变的，因此

① 　此例来自保尔·戴维斯的书《自然中的力》，剑桥大学出版社，1979 年。

QED（量子电动力学）是一种规范理论，QCD 也一样，它的模型来自 QED，在量子水平上处理物质场时有些复杂，但所有这一切都可以由规范对称性理论给出满意的描述。但这是 QED 的一个关键性质，也是唯一的规范对称性质，因为光子的质量为 0。如果光子有一点质量，那就不行。结果表明，作为重正化理论，我们一直与无穷大打交道。当物理学家们尝试用描述电磁场时很成功的规范理论为模型构造类似的弱核作用的理论时，这一点就成了问题。弱核理论对应于放射性衰变并从核中放射出 β 粒子的过程。正如电磁相互作用是由光子传递一样，弱相互作用也一定要由它自己的玻色子作媒介来传递。可是这种情况却有点复杂，因为为了在弱相互作用过程中传递电荷，弱玻色子（弱场中的"光子"）必须带有电荷。因此实际上应当至少有两种这样的粒子，记为 W$^+$ 和 W$^-$。因为弱作用并不总是包含电荷的传递，理论学家不得不引入第三类介子——不带电的 Z 玻色子来完备弱光子集合。开始时，存在这种粒子的要求愁坏了物理学家们，因为并无实验证据证实它们的存在。

与弱相互作用有关的正确的数学对称性及两个 W 粒子[①]，不带电的 Z 介子首次是由哈佛大学的希尔顿·格拉肖在 1960 年提出的，发表于 1961 年。他的理论并不完善，但是却提供了关于电磁相互作用和弱作用可以纳入同一种理论的可能性的看法。关键的问题是这个理论需要引入 W 粒子。与光子不同，这种粒子带有电荷而且还有质量，这一点不仅使重整理论难于应用，而且也破坏了与电磁相互作用的类比，在电磁作用中光子是没有质量的。它们必须具有质量，因为弱相互作用是短程作用——如果它们不具

---

① W$^+$ 和 W$^-$ 也被认定为粒子和反粒子，如电子 e$^-$ 和正电子 e$^+$，在不至于弄混的情况下，它们统用一个名字，表示为 W，称为矢量介子。

有质量，那么作用范围将是无穷的。质量本身倒不是什么大不了的问题，问题在于粒子存在的自旋。所有无质量的粒子如光子，量子规则仅允许其带有要么平行要么反平行于其运动方向的自旋。一个有质量的粒子，如 W 介子，可以具有垂直于其运动方向分量的自旋，这多出来的自旋态就可能引起问题。如果 W 粒子是没有质量的，弱电作用可以合并成一种可重正化的理论来解释二者。正是对称性"破缺"才产生了问题。

数字对称性是如何被破坏的？最好的例子来自磁学，我们可以将一个由磁性材料做成的棒看作是由无数的小磁子组成的，这种小磁子相当于单个的原子。当加热时，这些小磁子可以沿各个方向转动，即随机地改变各自的方向，因此磁棒不存在总体磁场——不存在磁性的非对称。但是当将磁棒的温度降为特定温度（称为居里温度）以下时，会突然出现所有磁子都指向同一方向的现象，磁棒变得有磁性了。在高温下，对应零磁性的状态是最可能的状态，在低温下，最低能态是所有的磁子都平行排列（它们指向哪个方向并不重要）。对称性破坏了，变化发生了，因为高温时原子的热运动可以克服磁力，而在低温下磁力却比原子的热扰动强。

在 20 世纪 60 年代的后期，伦敦帝国学院的阿布杜斯·萨拉姆（Abdus Salam）与哈佛大学的史蒂文·温伯格独立地提出了弱相互作用的模型，此模型来自 60 年代早期格拉肖提出的、晚些时间又由萨拉姆独立创建的数学对称性。在新理论中，对称性破缺需要一种新的场——黑格斯场与粒子联系起来，这类粒子也称为黑格斯粒子。电磁及弱相互作用合在一起与一种对称性规范场联系起来称为弱电作用，此场具有无质量的玻色子。后来到 1971 年由荷兰物理学家格瑞德·胡夫特的工作证明它是一种可以重正化的理论，这时人们才正视这个理论。Z 粒子发现于 1973 年，这使弱电理论确立下来。弱电作用仅仅在非常高的能量密度如宇宙大爆炸时才能"起作用"，在低能下它自发破缺产生带质量的 W 粒子及 Z 粒子，电磁作用与弱相互作用分道扬镳。

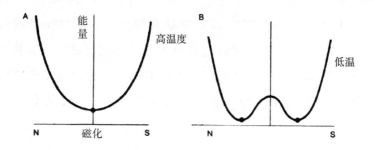

图 E.5 当磁棒冷却时，产生了对称性破缺

新理论的重要性可由这样的事实来肯定。当还没有直接的实验验证其正确性的时候，在 1979 年格拉肖、萨拉姆及温伯格共同获得了诺贝尔奖。早在 1983 年，在日内瓦的欧洲原子能中心（CERN）小组宣布实验上发现了在高能过程（由高能质子与反质子束碰撞产生）中产生的粒子质量约为 80GeV 和 90GeV，这可由 W 和 Z 粒子作出最好的解释。这些与理论预言吻合完好。格拉肖－萨拉姆－温伯格理论是"合适"理论，因为它给出了可被验证的预言，不像格拉肖早期的工作，那是不能验证的。此时，理论家们是闲不住的。如果两种作用可以合在一起，为什么不能找到一个统一场来包容所有基本相互作用呢？与以往任何时期相比，此时爱因斯坦的梦想更急于成真，不是以一种对称形式，而是以超对称和超引力形式。

超 引 力

除了重正化的问题外，规范场论的另一个毛病是它们不唯一。

单个规范理论包含以重正化修改以适合真实的物理，有无穷多种可能的规范理论，选择以描述物理的相互作用的那个必须在同样特别的基础上做修改以适应真实界的观测结果。更糟的是，规范理论没有给出应该存在有多少种基本粒子——多少强子或轻子（与电子属于同一家族）或规范玻色子或是别的什么粒子。物理学家们喜欢发现唯一的理论来解释物理世界，这种理论需要特定数目种类及特定种类的粒子。向这种理论前进的一大步来源于 1974 年发现的超对称。

想法来自卡尔斯卢大学的朱利斯·外斯（Julius Wess）及加州大学伯克利分校的布鲁诺·朱米诺（Bruno Zumino）。在理想对称的世界中物理理论会是怎样的呢？每一个费米子都应有对应的同一质量的玻色子。他们从这个设想出发。我们在自然中实际上看不到这种对称性，这可被解释为对称性破缺，就如同电磁相互作用与弱相互作用的情况一样。当你用数学推导下去时，你当然会发现一种方法描述这个对称性。这种超对称在宇宙大爆炸时期存在着，随着宇宙大爆炸过程，发生了对称性破缺，通常的物理粒子获得了较小的质量，而超对称粒子带着较大的质量。超对称粒子仅仅存在于极短的时间中，接着就破碎成一大群较小质量的粒子；如果现在想要制造超粒子，我们需要制造出像宇宙大爆炸一样的条件。这种能量是很高的，难怪连 CERN 的质子—反质子对撞机也不行。

这些理论总是"如果如果"。但是它具有一个较大的优越性。虽然有许多不同的超引力场理论，各不相同，但是对称性限制要求这些理论的每一个版本都允许只有确定数目的不同粒子。一些理论要求包含几百个不同的基本粒子，这是有些出乎意料的，但是其他的理论则可以要求有很少，没有哪个理论会预言可能存在无穷数目的"基本粒子"。较好的是，这些粒子依其超对称群整齐

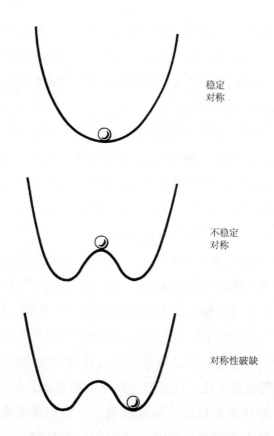

图 E.6　图 E.5 中的对称性破缺可理解为在谷中的小球，只有一个谷时，

小球是稳定的对称态；出现两个谷时，对称点就不是稳定的了，小球迟

早要落在左边的谷中或右边的谷中，产生了对称性破缺。

地排列。最简单的理论，只有一个零自旋的玻色子及相应的一个自旋为 1/2 的粒子；再复杂一点的具有两个自旋为 1 的玻色子，一个自旋为 1/2 的费米子，另一个自旋为 3/2 的费米子，等等。可是还有好消息呢！在超对称中，你不需要担心重正化。大多数理论中，无穷大自动消除了，而不是特意去掉的，你只要按着正确的数学规则处理就行了，余下的是合理的有穷数的运算。

超对称看起来很不错，但这并非最终答案。它还少一些东西，物理学家们还弄不清它们是什么。不同的理论可以很好地适合真实世界的不同特征，但还没有一个超对称理论能够解释所有真实的世界。尽管如此，有一个特别的超对性理论应予以特别的重视。这个理论被称为 N=8 超引力。

超引力基于这样一个假设，存在一种被称作引力子的粒子，由它携带着引力场。同它在一起的还有 8 个粒子（因此 N=8）被称为引力场量子，56 个"真实"的粒子（如电子夸克之类），98 个参与传递相互作用的粒子（如光子、W 子及胶子）。粒子的数目够怕人的，但是它们均可由理论精确地确定。物理学家遇到的困难在于探测理论所预言的引力学。从来也没有探测到这些引力子，这也许有两个刚好相反的原因。也许引力子太难捕捉，像鬼影似的，具有很小的质量，从不与其他物质发生作用。或者也许太重了，我们目前的粒子机器还没有足够的能量制造或观察它们。

问题是严重的，但是像超引力这样的理论至少是自洽的，有限的，不需要重正化。这好像有点感觉物理学家走对路了。可是，如果粒子加速器不足以验证这些理论，它们怎么能够被证实呢？这就是为何天文学这个研究全宇宙的科学目前一片兴旺的原因。正如纽约科学学会执行主席海因兹·派格斯（Heinz Pagels）在 1983 年所讲的："我们已进入后加速器物理学时代，整个宇宙的历史将成为基础物理的检验所。"① 天文学家也依同样的热情接待粒子物理学。

宇宙是真空涨落的产物吗？

也许天文学真的就是粒子物理的一个分支。有一个观点发展

---

① 引自《科学》1983 年 7 月 29 日第 220 卷，491 页。

了十年时间，走过从被认为是完全疯了到格外受人尊重的历程。按照这个观点，宇宙生于大爆炸的一个火球，随时间扩展然后又缩回到火球中去消失。此即所谓真空涨落，不过是在较大的尺度上说的。如果宇宙刚好在不定的膨胀及最终的坍塌中在引力的边界达到平衡，那么引力的负能量将刚好被充满于其间的物质质量的正能量所抵消。封闭的宇宙的总能量为 0，不仅能够存在所有粒子相互离开这个整齐的过程，由于来自真空的零能量涨落，就连我们所看到的我们本身这样的奇妙的种类都不难造出来。

我特别欣赏这个观点，因为在 70 年代我做过一部分工作将其改造成现代的形式。原有的思路可以追溯到路德维格·玻耳兹曼那个时代。这位 19 世纪的物理学家是现代热力学及统计力学的创始人之一。玻耳兹曼想到宇宙是应该处于热力学平衡的，可表现出来的却不是这样。于是想到现在的表现可能是平衡态的暂时偏离，只要平均在较长时间内保持平衡态，这种涨落在统计上是允许的。这样的涨落机会在可见的宇宙尺度上是很小的，可是如果宇宙在无穷长时间中存在一种稳态，那么实际上这肯定最终是会出现的。因为偏离平衡将允许生命产生，无怪乎从宇宙平衡态很稀少的机会里我们能够存在。

玻耳兹曼的这个观点从来未受过赏识，但其略为变通的说法却不断地出现。在 1971 年，此想法引起我的兴趣，我把它写给《自然》杂志，宇宙有一种可能是生于火中，先膨胀然后塌为无。两年后，纽约市立大学的爱德华·泰恩向《自然》提交了一篇文章，将此观点发展为大爆炸出于真空涨落，但在信中引用我的匿名文章作为其思考的起点。因此，我对此宇宙模型有特别的兴趣。当然泰恩在将宇宙是真空涨落想法引入现代思想中应该得到完全的荣誉。别人没有想到，而他却指出如果宇宙具有零净能量的话，它允许存在的时间将有：

$$\triangle E \triangle t = \hbar$$

这个时间实际上是很长的。"我并没有宣称承载我们的这样的宇宙会经常出现，我仅仅说其期望的频率不是零。"他说，"可是那种情况下逻辑又可指出，观察者又总可以发现他们存在于能够产生生命的宇宙中，这种宇宙是很大的。"

这个观点埋没了 10 年，无人问津。但是近来人们开始认真地对待此观点的新说法。尽管泰恩开始希望的宇宙很大，可是计算表明任何从真空涨落中产生的"量子宇宙"实际上是很小的，仅是很小的空间中很短的现象。但是宇宙学家发现了一种方法可将此小宇宙作剧烈的膨胀使之在瞬间便可以长成我们居住的大小。"膨胀"是 20 世纪 80 年代中期宇宙学家们随便造的一个词。膨胀解释了如何一个小的真空涨落会长成我们存在的这样大小的宇宙的。

膨胀和当今宇宙

宇宙学家对可能存在于宇宙中的任何新粒子都感兴趣，因为他们总在寻求能让这个宇宙封闭所要求的"看不见的质量"。质量约为 1000ev 的引力子特别有用——它们不仅可以帮助封闭这个宇宙，而且，根据描述产生于大爆炸的这个宇宙的方程，存在这种粒子就能形成银河系这么大小的一大块物质。质量约在 10ev 的中微子将能够帮助像银河系这么大尺度的大块物质长大，等等。可是在过去的两年中，宇宙学家对基本粒子更有兴趣，因为对称性破缺本身可能造成时空的突变而成为膨胀的动力。

这个想法首先产生于麻省理工学院的阿兰·高斯。他回到这样一幅图像中，热而密的宇宙相中所有的物理作用（除引力外，因为理论还不包含超对称）统一为一种对称作用。随着宇宙变冷，出现了对称性破缺，自然中的基本力——电磁相互作用，强相互作用和弱相互作用分道扬镳。很明显，对称性破缺之前后两种状态是很不相同的。从一种态到另一种态是一种相变，正如水冷却时变成冰，加热时变成气一样。与常见的相变不同，根据理论，在早期宇宙中对称性破缺产生了极大的排斥力，在不到一秒钟的时间内就可使每一部分都炸开来。

我们谈论的是宇宙形成的早期，大约在 10^{-35} 秒之前，那时的温度为 10^{28} K。由对称性破缺产生的膨胀是指数性的，通过 10^{-35} 秒就能将空间体积扩大一倍。在不到一秒的时间内，这种不断扩大的膨胀将质子尺寸大小的空间胀成我们今天所观测到的宇宙大小。接着在时空膨胀区中，我们认识的时空通过进一步的相变从小泡中生长出来。

高斯的最早的膨胀宇宙理论不想解释开始的小泡来自何处。将这个原因与泰恩描述的那种真空涨落等同起来是很具有吸引力的。

这幅生动的宇宙观解决了许多天文学家的疑惑，我们的时空小泡似乎以一种维持在开放和封闭边界上的速率膨胀着，这并非巧合。膨胀宇宙格调要求只有这种平衡才能够持续，这是因为小泡的质/能密度与膨胀力的关系。更让人大吃一惊的是，这种格调将我们托付给宇宙中无关紧要的规则，将我们能看到的东西都纳入了一个小泡，这个小泡比整个扩展的整体还要大。

我们生活在一个激动人心的时代，很明显处在对宇宙作出有意义的理解将要突破的界面上，正处于狄拉克预言的，一种从像玻尔的原子到量子力学过渡的时候。我发现将寻求薛定谔的猫结束于大爆炸，宇宙学、超引力及膨胀的宇宙很有意思，因为我前一本书《空间扭曲》中讲述了引力和广义相对论的故事，也在此处结束。这两种情况都不是预先计划的；两种情况下，超引力似乎是个自然的统一的开始，但是没有一个整齐的结尾，我们也希望永远不要有。正如理查德·费曼所讲"一种使科学停滞不前的办法是对你已知道的东西做实验"。物理就是要探索未知，而且：

> 我们缺的是想象，一种尽情的想象。我们不得不寻求一种世界的新观点，以使之与我们所知的一切融洽，但是在预言中一定有一些不同，否则就没有什么意义了。在这些不同的预言中必须与自然相一致。如果你能找到这个世界的另一种观点，它与我们所观察的一切相一致，而在其他地方不一致，你一定是取得了新的发现。这几乎是不可能的，但也说不准……

如果物理的事业已经完成，我们所居住的世界将不会那么有趣了。这就是为什么我喜欢给你留下这不固定的结尾，逗人兴趣的暗示，以及要谈的新故事的期望。这些新的故事每个都像薛定谔的猫一样地动人。

参考文献[①]

　　这里的书是我在寻求薛定谔的猫的过程中看过的，我不愿将其作为艰深的量子理论书目，这个领域的专家们无疑会看到一些他们感兴趣的课题在这里是没有的。然而，从这一本到另外一本参考书，你肯定能找到所有量子理论相关的重要内容，而且是从下面的节选开始并带着你一步步地走的。除了实际的内容外，我还在结尾列入了科幻小说的部分题目，它们不仅具有娱乐性，而且对量子理论方面，尤其对平行世界的理解有所裨益。

量子理论

　　A. d'Abro, *The Rise of the New Physics*, volume two, Dover, New York, 1951 (original edition 1939)

　　《新物理学的兴起》第二卷

　　本书为非专家而写，较深入地介绍了早期量子理论的处理方法。第一卷包括历史和数学背景，第二卷全部是量子理论。对现代读者来说旧式的讲解不太好理解，但是它很全面（两卷共计 982 页），如果你很愿意致力于其中的教学，本书值得一看。

----

　　① 　所列书名中文翻译不一定精确，仅供参考——编注

Kenneth Atkins，*Physics-Once Over-Lightly*，Wiley，New York，1972

《轻松浏览物理学》

本书是为非科学专业者写的一学期用的物理教材，对随意学一点的读者来说有趣且清晰，值得一读。它是非科学领域的最好的物理导游，带着读者从简单的相对论、量子力学、原子核和粒子物理开始游历。虽然对哲学含义和量子真实性仅仅是有些触及，本书讲的量子技巧足以用来计算一些简单的方程。强力推荐。

Ted Bastin（editor），*Quantum Theory and Beyond*，Cambridge University Press，New York，1971

《量子理论及量子理论之外》

本书材料 基于 1968 年在剑桥举办的关于量子理论的范式变迁发生的可能性的讨论会中的文章。大部分是严肃和哲学味很浓的话。

Max Born，*The Restless Universe*，Dover，New York，1951

《永不停息的宇宙》

由量子理论领导人之一马克斯·玻恩作的关于新物理的最富时代性的讲解。本书不是量子力学的发展历史书，而是物理"普及"书，包括第一次向外行人介绍玻恩后来获得诺贝尔奖的统计解释。在半个世纪以前，也因用卡通插图来阐明动力学过程而有名。

Max Born，*The Born-Einstein Letters*，Macmillan，London，1971

《玻恩—爱因斯坦书信集》

两位伟人的书信集，由玻恩作了注释。包括量子理论的一些有趣的间接说明，以及爱因斯坦不愿接受哥本哈根解释的情况。

Louis de Broglie, *Matter and Light*, Norton, New York, 1939

《物质和光》（译自 1937 年法语版；也有多弗出的平装书）

作者的主要兴趣在于讲历史，这是出自新物理创立参与者之手的几乎是与新物理同时代的讲述。

Louis de Broglie, *The Revolution in Physics*, Greenwood Press, New York, 1969

《物理学的革命》

另一本由旧版法语书翻译得不太好的英语版书，作者的主要兴趣也在于讲历史。

Fritjof Capra, *The Tao of Physics*, Bantam, New York, 1980

《物理学之"道"》

第一次把现代粒子物理与东方哲学、神秘主义和宗教联系在一块，由此引发了一大批这样的书。卡普拉是一个物理学家，编写出关于基本量子观点的动人故事，但它并不是历史书。

Jeremy Cherfas, *Man Made Life*, Blackwell, Oxford, 1982

《人造生命》

对基因工程及其潜力与限制的开门见山的介绍。

Barbara Lovett Cline, *The Questioner*, Crowell, New York, 1965

《提问者》

以传记体方式写成的量子力学故事——有关卢瑟福、普朗克、爱因斯坦、玻尔、泡利和海森伯的章节。材料读来愉快，诸多逸事，不过物理的成分较少。

Francis Crick，*Life Itself*，Simon & Schuster，New York，1982
《生命本身》

生命分子本质的浅显介绍，有一个观点是地球上的生命能自由地走向宇宙。

Paul Davies，*The Accidental Universe*，Cambridge University Press，New York，1982
《出于偶然的宇宙》

清楚但是数学化地解释多宇宙的"巧合"才使我们存在，包括简短地提及埃弗雷特的量子解释与人择原理的关系。他的另一本书《其他世界》（*Other Worlds*，Dent，London，1980）是关于讲解人择原理的非数学"通俗"读物。

Bryce DeWitt and Neill Graham，editors，*The Many-Worlds Interpretation of Quantum Mechanics*，Princeton University Press，1973
《多个世界的量子力学解释》

确立多个世界理论基础的关键性论文的再版集。书内包括埃弗雷特的博士论文，从《现代物理学评论》（*Reviews of Modern Physics*）上摘下来的埃弗雷特和惠勒的文章，德维特和格拉哈姆后来对该理论推广和扩展的尝试，还包含了其他人的工作。这是个整齐的一卷的集子，总结了那小题大做的问题到底是什么。

Paul Dirac，*The Principles of Quantum Mechanics*，Oxford University Press，New York，1982
《量子力学原理》

即使到现在还在作正儿八经的权威性教材。这本书修订了多次，包括一节量子电动力学的内容，其引言章节给出了测不准原理、叠加原理以及你在别处都找不到的量子力学内容的透彻的讨论。即使你不是个正经要学的学生，也值得将它借出来读完第一章；如果你确实想学，狄拉克解释薛定谔和海森伯工作的数学方法比现在关于此课题的任何书本资料都更具逻辑性和可读性。

Paul Dirac, *Directions in Physics*, Wiley, New York & London, 1978

《物理学的方向》

这是狄拉克 1978 年在澳大利亚和新西兰作的演讲集。作为 20 世纪 20 年代发展出量子力学的人物中的最后一位幸存者的观点，这本书极其珍贵，能从抄本中直接获得他清晰更富有情趣的演讲，这更加增强了本书的分量。本书包含了对易变的引力和单磁极子观点的讨论，显示了现代物理的不完善性。

Sir Arthur Eddington, *The Nature of the Physical World*, Folcroft Library Editions, Folcroft, Pennsylvania, 1935

《物理世界的本质》

本书是爱丁顿 1927 年作的系列演讲，本书写于量子理论正在迅速发展的时候，书中描述了量子理论给一位 20 年代的伟大的物理学家的冲击。作为一位领先的科学家，爱丁顿也是一位极好的科学普及者。

Sir Arthur Eddington, *Science and the Unseen World*, Folcroft Library Editions, Folcroft, Pennsylvania, 1979

《科学与看不到的世界》

同一领域的更多演讲材料。

Sir Arthur Eddington，*New Pathways in Science*，Cambridge University Press，1935

《科学新途径》

本书收集了 1934 年在康奈尔大学的演讲。阐述了《物理世界的本质》问世以来的科学进展情况。

Sir Arthur Eddington，*The Philosophy of Physical Science*，University of Michigan Press，Ann Arbor，1958

《物理学的哲学》

也是 30 年代晚期的更多演讲集，正如题目所指有更多的哲学研究。

Leonard Eisenbud，*The Conceptual Foundations of Quantum Mechanics*，Van Nostrand Reinhold，New York，1971

《量子力学的概念基础》

本书使用最少的数学语言强调了量子理论的物理学意义，这里的"最少"仍意味着不少。是一本很好的量子力学基础指导书，不是接着讲原子结构等概念，而是对量子世界的难题给出了物理学及哲学上考察。

Richard Feynman，*The Character of Physical Law*，MIT Press，Cambridge，1967

《物理规律的特点》

1964 年在康奈尔大学作的系列讲座，在 1965 年又在 BBC 上广播。该文浅显易读，包括自然的量子力学观等章节。

Richard Feynman, Robert Leighton and Matthew Sands, *The Feynman Lectures on Physics*, Volume Ⅲ, Addison-Wesley, Reading, Massachusetts, 1981

《费曼物理学讲义》第三卷

正经学习量子力学学生的最易入门的教材。最好的是对著名的双缝实验的讲述，还包括对超导的有趣的讨论。

George Gamow, *The Atoms and Its Nucleus*, Prentice-Hall, New Jersey, 1961

《原子和原子核》

这是关于量子和波理论的浅显读物，由讲故事能手高莫（他刚好就是故事中的人）讲述。高莫曾跟着玻尔工作了一段时间。讲法有些古旧，但是很有趣，对几个大人物的描述值得研究。

Maurice Goldsmith, Alan Mackay, and James Woudhuysen, editors, *Einstein: The First Hundred Years*, Pergamon, Elmsford, New York, 1980

《爱因斯坦：第一个世纪》

是集结在一起的书，其中包含 C. P. 斯诺写的关于爱因斯坦的精彩文章。

John Gribbin and Jeremy Cherfas, *The Monkey Puzzle*, Bodley Head, London, and Pantheon, New York, 1982

《猴子的迷惑》

关于人的演化的书，但包含了对 DNA 工作的深奥的和非专业性的解释。

Niels Heathcote，*Nobel Prize Winners in Physics 1901 —
1950*，Henry Schuman，Inc.，1953

《1901 年～1950 年诺贝尔物理学奖获得者》

是简要的传记书，粗略地总结并描述了每位获奖者的获奖工
作。这卷全含了 20 世纪上半叶物理量子理论的工作。只有两个重
要人物不含在内——马克斯·玻恩，他直到 1950 年才获奖，恩内
斯特·卢瑟福，他获得的是化学奖。本书值得深入研究。

Werner Heisenberg，*Physics and Philosophy*，Harper &
Row，1959

《物理和哲学》

海森伯在 1955 年到 1956 年在圣·安德斯大学所作的系列演
讲。包括量子理论的简短历史，以及来自一个量子力学创立人对
哥本哈根解释的讨论。完全是非数学的。

Werner Heisenberg，*The Physicist's Conception of Nature*，
Greenwood Press，Westport，Connecticut，1970

《物理学家的自然观》

另一部半哲学性的书，值得注意的是，请不要与贾格帝斯·
密哈罗的同一名称的书相混了。

Werner Heisenberg，*Physics and Beyond*，Harper & Row，
New York and Allen & Unwin，London，1971

《物理学及其发展》

子标题是"科学中生命记忆"，逸事性的自传体，科学成分
少，主要是关于海森伯本人的。

Banesh Hoffmann，*The Strange Story of the Quantum*，Peter Smith，Magnolia，Massachusetts，1963

《量子力学中的奇异故事》

以 20 世纪 40 年代的眼光看待相对较新的量子理论的有趣观点。作者执着于让每个人都能看懂而有时掉进过于通俗化的陷阱中，迷失了自己谈论的话题主线，但在其出版以来的 40 余年中仍不失为好的读物。写于 1959 年的后记值得一读，它清晰地解释了在过去的 10 年时间里量子理论的发展，包括费曼图和随机性的丧失。

Ernest Ikenberry，*Quantum Mechanics*，Oxford University Press，London，1962

《量子力学》

是为数学家和物理学家写的书，并不是给外行人看的指导书。重点在于"怎样"运用量子力学解决问题，也讲了一些方程的含意。

Max Jammer，*The Conceptual Development of Quantum Mechanics*，McGraw-Hill，New York，1966

《量子力学的理性发展》

较深入的研究，虽然没有能够摆脱掉数学，但是，即使你跳过大多数的数学内容不看，仍可以得到很多有益的认识。

Max Jammer，*The Philosophy of Quantum Mechanics*，Wiley，New York & London，1974

《量子力学的哲学》

本书在于解释量子力学及其含义。有时，对哥本哈根解释的由来讲得过多过细，而比量子计算法走得远些。

Pascual Jordan, *Physics of the 20th Century*, Philosophical Library, New York, 1944

《20 世纪的物理学》

正如以上提到的德布罗意的书，本书出自一位 20 世纪物理学的带头人之手，他的主要兴趣在于讲历史。

Horace Judson, *The Eighth Day of Creation*, Simon & Schuster, 1982

《造物第八天》

这是一部大型的、有点不堪其重的书，写的是关于 20 世纪后半叶分子生物学革命性的发展。就其对分子生物学的故事和科学家的工作方法的见解，本书值得一读，尤其在谈到量子革命方面的事时，作者很明白，他强调说正是由于林奈·泡利将量子力学原理应用于处理复杂的化学分子，才会有现在被称为分子生物学的这门学科，遗憾的是他错误地认为海森伯、玻恩、狄拉克的矩阵量子力学产生于薛定谔的波动量子力学之后。但是人无完人。

Jagdish Mehra（editor）, *The Physicist's Conception of Nature*, Kluwer, Boston, 1973

《物理学家关于自然的概念》

这里 1972 年庆祝保尔·狄拉克 70 周年诞辰在的里雅斯特举行的学术会会议论文集。供稿人全是大人物，读起来有点像是在读量子力学的"世界名人录"。全书 839 页，用科学的语言，指出了 20 世纪物理学的方向。这部史诗似的书是最好的指导书。

Jagdish Mehra and Helmut Rechenberg，*The Historical Devel-opment of Quantum Theory*，Springer-Verlag，New York，1982

《量子理论的历史发展》

权威性的量子力学历史专著。目前出了 4 卷，写到 1926 年，其余 5 卷计划将历史写到至今。虽然这部史诗般的巨著未摆脱数学，但许多方程都有丰富的解释。

Abraham Pais，*Subtle Is the Lord…*，Oxford University Press，London & New York，1982

《难以琢磨的上帝》

有关爱因斯坦生活与工作的权威性专著。

Heinz Pagels，*The Cosmic Code*，Simon & Schuster，New York，1982

《宇宙密码》

很有胆量，试图在一本书中就解释清楚相对论、量子理论及现代粒子物理。这本书是粒子物理学家写的，书的中心内容是详细地介绍粒子。书中对量子理论是一带而过的，仅作为理解粒子物理世界所必需的背景知识，没有历史展望。如果你想知道粒子的产生过程，本书是很好的读物。将本书与卡普拉及朱可夫的书对比着看也很有意思。

Jay M. Pasachoff and Marc L. Kutner，*Invitation to Physics*，W. W. Norton，New York & London，1981

《物理学的邀请》

表面上看此书是非科学专业的课本，但是此书提供了以很少的数学统观全物理的方法，可以放心地推荐给任何一个对现代科学有兴趣的人。

Max Planck，*The Philosophy of Physics*，W. W. Norton，New York，1963
《物理哲学》
本书作者仅对历史感兴趣，他开始对自己做的并不欣赏，但却由此创建了辐射的量子理论。本书可洞察出作者当时的想法。

Erwin Schrödinger，*Collected Papers on Wave Mechanics*，Chelsea Publishing Company，New York，1978
《波动力学文集》
波动力学就基于这些论文。书中包括薛定谔对矩阵力学与波动力学的等效性的分析和证明。关于矩阵力学的原理基本文献是范·德·沃尔顿收集的。

Erwin Schrödinger，*What is life?*，Cambridge University Press，New York，1967
《生命是什么?》
写得很优美，有历史趣味，曾对阐明生命分子的人产生重大影响。虽然现在知道生命分子是 DNA，基因并非如薛定谔在书中所说的是由蛋白质构成的，本书仍值得一读。如果本书不能让你相信量子理论是基因工程至关重要的基础的话，那么等于白读。

Erwin Schrödinger，*Science*，*Theory and Man*，Dover Publications/Allen and Unwin，London，1957（Original edition 1935）
《科学，理论和人》
包括薛定谔获诺贝尔奖时的致辞，本书内容平和，思路清晰。

对任何对量子力学发展感兴趣的人，本书是基础读物。

Erwin Schrödinger，*Letters on Wave Mechanics*，Philosophical Library，New York，1967

《波动力学书信集》

本书是薛定谔与爱因斯坦、普朗克和劳伦兹的来回书信集。目的在于揭示这些伟人的思想。那个著名的猫悖论的信也在其中。

John Slater，*Modern Physics*，McGraw-Hill，New York，1955

《现代物理》

使用了最少的数学语言，但却是写给感兴趣的研究者用的，虽然古旧，但仍是大学量子理论最好的入门书。

J. Gordon Stipe，*The Development of Physical Theories*，McGraw-Hill，New York，1967

《理论物理的发展》

大学一年级的基础入门书，包含了对量子力学和原子物理的很好的介绍。是教科书，不是写给外行人看的指导书。

B. L. van der Waerden（editor），*Sources of Quantum Mechanics*，Peter Smith，Magnolia，Massachusetts，1967

《量子力学的起源》

基础论文集，全都是英文的，包含直到矩阵力学的创立的所有论文（海森伯、玻恩、约当、狄拉克），但不包含关于薛定谔的波动力学的论文（这些论文另集为一书，见薛定谔的目录）。书中文字简明，但仍深入地介绍了关于每篇论文的工作。

James D. Watson，*The Double Helix*，Atheneum，New York，1968

《双螺旋》

书写得很有味，生动地阐述了 DNA 结构的发现。不是"有些难读"或"全都难读"，而是读来趣味盎然。

Harry Woolf（Editor），*Some Strangeness in the Proportion*，Addison-Wesley，Reading，Massachusetts，1980

《比例的奇异性》

本书是为纪念爱因斯坦诞辰 100 周年在普林斯顿高等研究所举办的学术会议论文集。文集中所列的作者就像是理论物理学界的"世界名人录"，包含有关爱因斯坦贡献的深入探讨。虽然书中大部分都没有数学内容，但一些问题却写得很深入，不是一般人可以随意读读的。

Gary Zukav，*The Dancing Wu Li Masters*，Bantam，New York，1980

《物理大师的舞蹈》①

本书是故意与卡普拉所著《物理学之"道"》做对的，从一个非物理学家的观点讲述了同样一个故事。建议所有的科学家都去读一读它，看看非科学界是怎么看待新物理的。没有学过科学的人应注意祖卡夫有时过激，书中的科学并非 100％精确，而且正如卡普拉一样，他对物理观点的发展仅是一扫而过。但是仍值得一读。

---

① 中文版《像物理学家一样思考》已出版。——编注

科幻小说

Gregory Benford，*Timescape*，Pocket Books，New York，1981

《时间隧道》

在科幻中给出物理研究者一幅最好的肖像。另外对可以在多世界现实中进行的时间旅行有很精彩的科幻描述。

Philip Dick，*The Man in the High Gastle*，Gregg Press，Boston，1979

《高高城堡中的人们》

写出了一个与现实平行的世界中的故事。故事写到美国在二战中战败了。科学描述很少，故事却写得很好，有些曲折，有点出格了。

Randall Garrett，*Too Many Magicians*，Ace Books，New York，1981

《这么多的魔术》

这是一类"如果…将全"的故事，将故事置于一个平行的现实中，在那里理查德·里昂哈特活得足够长以保证英国皇位不会传于其弟。有些科学味，但更属于侦探故事，有意思。

David Gerrold，*The Man Who Folded Himself*，Amereon，Ltd.，Mattituck，New York，1973

《折叠自己的人》

描述了在多个现实世界中时间向前和向后进行时造成的混乱

结果，有趣味和娱乐性。在他玩的把戏中可将"科学"扔在一边不管，但意思却与本书第十一章讲的观点相近。

Keith Roberts，*Pavane*，Hart-Davies，London，1968（paperback Panther）

《孔雀舞》

故事可能发生在平行宇宙中，也可能不是。但无论在哪种情况下此书都不失为一本可读之书。

Jack Williamson，*The Legion of Time*，Sphere，London，1977

《时间的传说》

开始是作为系列故事发表在杂志上的。只要看下面一点，就知道那个时代科幻传统就算得上是合格的冒险故事。当我循着故事往下读时，无论是在科幻小说中，还是在真的东西中，我第一次认识到平行世界的概念。后来成为量子力学多世界的解释。当然还有旧的"如果…将"故事能够将故事置于另一现实中，但在量子力学才建立一年的时间中，威廉逊就使用相当科学的语言设置他的背景。19 年后休·埃弗雷特在他的博士论文中，虽然每步都置于安全的数学推导之下，但仍难于前行。"在亚原子层次上，产生无穷多种可能的分支。"科学幻想小说真的预言科学理论的进展非常稀少，既然它预言了，就值得一看。

Robert Anton Wilson，*the Schrödinger's Cat trilogy*（*The Universe Next Door*，*The Trick Top Hat*，*The Homing Pigeons*）all published by Pocket Books，New York，1982

《薛定谔的猫三部曲》

几乎无法描述这种有趣的、相互无关联的精彩三部曲。其中有三种量子主题（每部一种），作者小心翼翼地将有点相同的动作及有点相同的人物安排在每一种量子主题中。《薛定谔的猫三部曲》之于量子力学有点像劳伦斯·杜雷尔的《亚历山大里亚的四重奏》之于相对论一样，只不过华生更有趣些。有味，但是如果你得到这个味，你就能尝到你自己的量子力学的真味道了。

科幻小说作家总是不断地"发现"量子理论，每过几个月，就有一个对概率刚刚了解的人写出一个新故事。近来的例子是格里格·贝尔的《薛定谔瘟疫》发表在1982年3月29日的《比喻》上；路德·拉克尔的《薛定谔的猫》发表在1981年3月30日的《比喻》杂志上。还有其他的小说，我只提这两个是因为他们都用了薛定谔的猫作道具来吸引那些不懂得量子力学的人的注意力，也让我腾出时间修改和探索以完成此书，同时也给了我书名。

我应感谢这两位作者及斯坦·史密特——《比喻》的主编。